맥스웰의 도깨비

확률에서 물리학으로

쓰즈키 다쿠지 지음

김명수 옮김

전파과학사

머리말

우리가 편지를 쓸 때

「더위에 얼마나 고생이…」

「아침저녁 퍽 선선해졌습니다…」

「이젠 추위도 가시고…」

라고 날씨(정확하게 말하면 기온)에 대한 인사말부터 쓰기 시작할 때가 많다. 대화인 경우에도

「덥습니다!」

「추워졌어요!」

「날씨가 좋군요!」

하는 말이 가끔 쓰인다.

　이것은 인간은 각각 개성에 따라 취미, 기호, 관심 등 차이가 천차만별이지만, 피부에 느끼는 기온의 감각만은 한 나라 원수에게도 사업가에게도 야구 선수에게도 인기 가수에게도 공통되는 공약수임을 말해 준다.

　물론 사업가라면

「일이 잘됩니까?」

할 것이고, 결혼적령기의 사람들끼리라면

「어때, 좋은 사람 생겼어?」

할지 모른다. 그러나 이것은 우연히 공통되는 관심사를 가진 두 사람이 만났을 경우이고, 상대가 다르면 당연히

「날씨가 차가워졌습니다!」

「그렇군요, 춥습니다!」

할 것이다.

이렇게 온도란 누구나 항상 느끼는(물론 의식하지 않는 일도 많은데) 극히 일상적인 물리량이다. 온도, 그리고 그 원인이 되는 열은 다른 자연현상과 비하면 큰 차이가 있다. 그 큰 차이를 알아보려는 것이 이 책의 목적이다.

열이 아니고, 가령 빛이라면 반드시 대칭이라는 성질이 있다. 여기서 저기로 빛이 간다면 저기에서 여기로도 빛이 통한다. 설사 도중에 거울 몇 장이 놓였어도 이것은 변함이 없다. 내가 그의 얼굴을 들여다보면 그에게도 반드시 내 얼굴이 보일 것이다. 즉 누구에게나 동등하고, 일방적인 편견은 없다.

전기현상에 대해서도 마찬가지이다. 지구로부터 달로 전파를 보낼 수 있다면, 달로부터 오는 통신도 반드시 지구에서 포착된다. 또 역학에서도 상호관계가 대칭이 된다.

그러나 단지 열에 관계되는 현상만이 특례로, 그에 관해서는 대칭성이 성립되지 않는다. 열은 뜨거운 데서 찬 방향으로밖에 흐르지 않는다. 책상 위에서 미끄러지던 돌멩이가 만일 도중에서 멎는다면 열적 현상이 얽히기 때문이다. 이런 열에 관한 일방통행성은, 거창하게 말하면, 우주 전체를 통한 확고한 진리인가?

이 진리에 도전하기 위해 맥스웰의 도깨비가 등장한다. 그는

일방적으로 흐르려 하는 열을 저지하여 역류시키는 능력을 가졌다. 전기도 석유도 없는데 바퀴를 돌린다. 과연 이런 일이 가능한가? 또는 이 도깨비가 우주 어딘가에 살고 있다고 생각할 수 없을까?

열의 일방통행이 처음부터 비판할 여지가 없는 진리라면 맥스웰의 도깨비는 전적으로 난센스이다. 그러나 보통 물질과 달리 사물을 생각하고 미를 창조하여 문화를 건설하는 인간의 기능과, 우주의 시작과 그 종말을 생각할 때 혹시 맥스웰의 도깨비가 어디에 숨어 있지 않을까 하고 생각하는 것도 단순히 허무맹랑한 얘기라고 무턱대고 부정할 수 없다.

맥스웰의 도깨비는 물리학에서 잘 알려진 역설의 하나이다. 그것은 거의 1세기쯤 전에 제임스 클러크 맥스웰에 의해 제기되고, 그 후 많은 물리학자의 관심을 끌어 왔다. 이 책에서는 이 작은 도깨비를 반드시 부정적으로 취급하지는 않았다. 자연과학에 통계역학이라는 자연의 본질에 접근하는 대표적인 방법이 있는데, 그 기본적인 생각을 도깨비를 통하여 때로는 역설적으로 보려는 것이 이 책의 골자이다.

통계의 기반이 되는 「확률」은 초등학교 수학에도 채택되었다. 이 책에서도 왜 확률이 물리학과 관련되는가, 확률과 맥스웰의 도깨비(그리고 나아가서는 통계역학) 사이에 어떤 관계가 있는가에 초점을 맞춰 학생들은 물론 모든 일반인들이 읽어 주기를 바라면서 썼다. 최대한 간략하게 썼으므로 처음 물리학을 대하는 사람도 쉽게 읽을 수 있을 것이다.

또 전반적인 구성에 대해서는 고단샤(講談社)의 스에타케(末武) 씨에게 유익한 조언을 얻었고, 또 이 책의 끝에서 동대(東

大) 교수 구보(久保亮五) 선생님의 발언을 인용한 것에 대해 양해를 구한다.

쓰즈키 다쿠지

역자의 말

자연현상에 접근하는 방법도 여러 가지이지만 여기서 전개되는 「열현상」만큼 우리의 실생활에 밀접한 관계를 갖는 것도 없을 것이다.

역자는 다음 세 가지 측면에서 여러 번 탐독했다.

첫째: 열현상의 통계역학적 측면

둘째: 정보 엔트로피에 의한 사회과학적 측면

셋째: 우주 내지는 인류 종말에 관한 종교적 측면

이 책은 첫째, 알기 쉽게 길잡이 역할을 하는 맥스웰의 도깨비들의 재치를 통해 흔히들 어렵게 생각하는 열현상의 통계역학적인 접근법과 이에 의한 물성론의 이해 방법을 교묘히 끄집어냄으로써 이해를 용이하게 했으므로 많은 과학도나 공학도들이 꼭 읽어 두어야 하는 책이다. 둘째로 복잡한 사회적인 문제가 정보 엔트로피에 의해 예리하게 파헤쳐져 있다는 점을 다룬다. 셋째로 자연, 즉 우주 내지는 우리 인류가 글자 그대로 영원히 살아남을 수 있는가 하는 커다란 문제에 관한 것이다. 과연 인류는 현실적으로 영생할 것인가?

자연보호 또는 과학문명이라는 이름 아래 이루어지는 끊임없는 건설도 궁극적으로 인류의 파멸을 초래하는 것이 아닐지 의심스럽다. 오히려 우주의 종말보다 훨씬 앞당겨져 있을 것으로 예상되는 인류의 종말! 정말 그런 일이 있을까? 우리 자신이 맥스웰의 도깨비가 되어 이 궁지를 모면할 수는 없을 것인가?

종교의 발상을 다시 한번 되새기게 한다.

    끝으로 이 책을 여러 번 되풀이하여 애독할 많은 분들을 위하여 권말에 위 세 가지 측면에서 찾아보기를 분류하여 놓았으므로 많은 참고가 되면 다행으로 여기겠다.

김명수

차례

서장

저녁놀이 드리운 길옆 공터, 썩어 가는 통나무와 토관이 난잡하게 흩어지고, 파헤친 구덩이에는 물이 고였고, 울타리 판자가 구덩이에 넘어졌다.

집이라기보다는 움막에 가까운 오두막집들이 공터를 둘러싸고, 일그러진 지붕과 떨어진 널빤지 등 어디서나 볼 수 있는 풍경이 거기에 있다. 설사 몇 번 여기를 지난 사람이라도 아무 기억도 남지 않을 것이다. 황폐한 변두리이긴 해도 집집마다 굴뚝에서는 연기가 나오고, 이곳 사람들에게도 이제 저녁때가 다가온 것 같다.

그때 어느 기울어진 집 부엌에서 소년이 훌쩍이고 있었다. 빈 술병을 잡고 널 바닥에 웅크리고 서럽게 흐느끼고 있었다. 뺨에서 가슴으로 흐른 눈물이 마룻바닥을 적셨다. 아버지와 아들 둘만이 사는 집 부엌에는 이렇다 할 살림도 없지만 아들 눈앞에 있는 병에는 투명한 액체가 가득 들었다.

등불도 없는 부엌은 벌써 어두워졌으며, 공터에서 놀던 아이들의 와자지껄하던 소리도 끊겼다. 이윽고 소년의 아버지도 하루 벌이에서 돌아오리라. 검게 탄 아버지가 이빨 빠진 사발로 늘 한잔하는(교외에 사는 사람들이 오래전부터 반주를 이렇게 불렀다) 저녁 한때 부자만의 시간이었다.

저녁놀은 차츰차츰 짙어졌다. 해가 진 탓이겠지만 공터의 이편에서 보면 저편 집과 벽은 그 윤곽만을 남기고 회색 어둠에 파묻힌 것 같았다. 여느 때 같으면 멀리 보이던 키가 작은 전

봇대도 눈앞에 보이는 하나만 남기고 모두 어둠 속으로 사라져, 공터 가운데쯤에 있던 몇 그루인가의 죽은 나무도 밑동만 그럴싸하게 보일 뿐 높은 가지는 벌써 주위에 휩싸여 보이지 않는다…….

공장이 많은 이 구역은 매연으로 하늘이 가려지는 일이 때때로 있었지만 그날처럼 짙은 안개에 가린 일은 드물었다. 공기도 텁텁하고 바다 밑에라도 가라앉는 것 같은 답답함을 느끼게 했다. 아까까지도 빨래줄에 널린 옷가지를 너울거리던 바람도 멎고 사방은 으스스할 만큼 조용하다. 평소 같으면 별로 귀에 거슬리지도 않던 개 짖는 소리가 이날따라 무척 귀에 따갑다. 더욱이 한 마리, 두 마리가 아니고 무엇에 겁을 먹었는지 묶어 놓은 개도 풀어 놓은 개도 함께 짖어 대는 것 같았다. 검은 고양이가 한 마리 울타리 위를 놀라 달려갔다…….

소년은 울고 있다. 개 짖는 소리도 짙은 안개도 소년에게는 아랑곳없다. 무턱대고 울기만 한다.

이때

「얘야, 왜 우니?」

하고 목소리가 들렸다. 놀라 주위를 돌아보았으나 아무 데도 인기척이 없었다. 의아해하는 작은 그림자를 향해

「얘야, 이쪽이야, 이쪽」

하며 부엌 마루 틈새로 기묘한 얼굴이 나타났다. 놀랍게도 그것은 키가 1㎝ 될까 말까 한 난쟁이였다. 아마 공터의 터진 하수구로부터 기어들어 왔으리라. 얼핏 보아 사람 모습을 하였는

데 잘 보니 머리에는 뿔이 나 있고 등에는 날개도 났고, 또 꼬리도 달렸다. 정말 묘한 모습이었다. 걸음걸이는 느리지만 마루에서 부뚜막으로 마구 올라왔다. 손바닥에 빨판이라도 있는 것일까. 전체 동작이 느린 대신 팔의 동작은 아주 재빠르다. 특히 손가락은, 사람 눈에는 잘 보이지 않지만 아주 빠른 동작을 하는 것 같았다.

뜻밖에 나타난 난쟁이 때문에 잠시 숨을 죽였던 소년은 그 모습과는 다른 어진 표정을 보고 저도 모르게 방긋 웃었다.

언젠가 동화책에서 본 난쟁이가 생각난다. 아버지가 한번 그런 책을 사 왔었지. 그 아버지의 얼굴과 눈앞의 병이 소년의 머릿속에서 엇갈렸다. 역시 아버지는 무서웠다.

난쟁이 때문에 한번은 울음을 그친 소년의 눈에서는 다시 눈물이 주르륵 흐르기 시작했다.

부뚜막에 앉은 난쟁이는 팔짱을 끼고 머리를 갸우뚱했다.

「얘야, 왜 그러니!」

「나 큰일 났어요.」

소년에게는 난쟁이보다 눈앞의 병이 큰일이었다.

「뭐가 큰일이니?」

「사 온 술을 이 병에 부어 버렸어요. 이건 오늘 밤 아빠가 마실 술이에요.」

「그래, 그건 별일이 아니지 않니.」

「그런데 병 속에는 물이 들었었어요. 난 그게 남은 술인 줄 알고 그냥 부어 버렸어요. 나중에 생각이 나서 맛보았더니 아주 싱거워요. 술에 물을 탄 것처럼 말이에요.」

「그래, 그래서 아버님께 꾸중을 듣게 될까 봐 무섭다는 말이구나.」

이렇게 말하면서 난쟁이는 병 속으로 슬슬 들어가더니 제법 진지한 얼굴로 술을 맛보았다.

「아이고, 이건 물 탄 술이구나, 아니 술 탄 물인가.」

「그러니 큰일 나지 않았어요…. 지난번에도 한번 싸구려 술을 사 왔더니 이런 싱거운 술을 마실 수 있느냐 하시면서 야단을 치셨어요.」

「엎지른 물이구나. 야단났다.」

난쟁이는 병에서 나와 병 주둥이에 앉아 생각에 잠겼다.

「물과 술은 섞기 쉬워. 갓난아기라도 할 수 있다. 그런데 섞인 것을 따로따로 나누는 것은 어려운 일이야. 이것은 어른도 못 한다. 세상에는 이런 일도 있구나….

'가다'의 반대는 '돌아오다'. '서다'의 반대는 '앉다'. '들다'의 반대는 '내리다'. 이것은 모두 어느 행동이라도 마찬가지로 가능하다. 그런데 '섞다'의 반대는 '나누다'. 이것은 한쪽은 할 수 있고 그 반대는 할 수 없다. 생각해 보면 이상해. 그럼 아이 일을 거들어 줄까.」

「거들어 주신다니, 난쟁이 아저씨, 대체 어쩌려는 거지요?」

「술과 물을 갈라놓으려는 거야. 그러면 아버님께 꾸중 안 듣지.」

「그렇게 할 수 있어요?」

「할 수 있지. 이렇게 보여도 아저씨는 아주 재주꾼이란다. 그럼… 처음에 술과 물이 얼마씩 있었니?」

「거의 같았어요.」

「그래, 그럼 그 판을… 그래, 그것을 병 가운데 넣자. 그래, 됐어. 병은 꼭 반으로 갈라졌다.」

「그래도 왼쪽이나 오른쪽이나 다 섞인 것이잖아요.」

「그렇게 서둘지 말아라. 아저씨가 판에 아주 작은 창을 만들고 문을 달겠다. 그런 건 문제없다. 자, 자…. 다 됐다. 그런데 얘야, 물이란 아주 잘게 나누면 결국은 물 분자가 되거든. 그리고 술도 물과는 다른 작은 분자로 되어 있단다. 이 작은 분자가 섞여 버렸으니 이건 사람 힘으로는 나눌 수 없는 것이지.」

「아저씨는 그럴 수 있나요?」

「그래, 다행히 술 분자도 물 분자도 움직이고 있단다. 병 속을 들여다봐도 속의 액체는 정지된 것 같지만 분자는 활발히 운동하고 있단다. 이 운동을 이용하여 술과 물을 나눠 보자는 거야. 아저씨는 두 가지 초인적인 능력을 가졌어. 하나는 눈앞에 있는 분자를 볼 수 있다는 거야. 또 한 가지는 이 작은 창을 자유자재로 열었다 닫았다 할 수 있는 능력이야. 사람 눈이 아무리 좋아도 분자를 볼 수 없고 아무리 정교한 핀셋을 써도 이런 작은 창을 열었다 닫을 수는 없지. 그럼… 이제 술을 갈라 볼까. 꽤 어두워졌어.」

「그래요. 곧 아빠가 돌아오세요.」

「그래, 서둘러야겠다. 아저씨 혼자 힘으로는 시간이 많이 걸릴 것 같으니 모두 불러야겠다. 여보게들, 모두 나오게.」

그랬더니 이게 웬일인가. 공터로 나가는 하수구로부터 같은 난쟁이들이 줄줄이 기어 나왔다. 모두 뿔과 날개와 꼬리가 달렸다.

「자, 이 판에 창을 만드세.」

하고 말하자 수십 명의 난쟁이들은 병 가운데를 막은 칸막이에 창을 만들고 창가마다 대기했다. 술 속을 헤엄쳐 다니는 난쟁이들도 많다. 그들은 액체 속에서도 아무렇지도 않은 것 같았다.

「지금부터 내가 시키는 대로 하라구!」

하고 맨 처음 난쟁이가 명령을 내렸다.

「우리가 만든 창은 아주 작다. 그러니 보면 알겠지만 이 창에는 분자가 하나씩 탁탁 부딪치게 된다. 다음 말을 잘 듣고 절대로 틀리면 안 돼!

오른쪽에서 술 분자가 오면 창을 닫는다.

오른쪽에서 물 분자가 오면 창을 연다.

왼쪽에서 술 분자가 오면 창을 연다.

왼쪽에서 물 분자가 오면 창을 닫는다.

그 밖에 아무것도 하지 않아도 돼. 물론 그 밖엔 우린 아무 일도 할 수 없지만. 자, 시작하세.」

난쟁이들은 시키는 대로 창을 열고 닫았다. 그러나 그들이 한 일은 오는 분자를 구별하여 창을 열고 닫는 것뿐이었다. 분자를 굳이 불러들이는 것도 아니고 힘으로 밀어내려 하는 것도 아니다. 자기가 할 수 있는 일을 한가롭게 한 것뿐이었다.

그러나 분자는 창을 닫으면 튕겨 나가고 열면 통과한다. 이것은 당연하다. 그 결과 어떻게 되었을까?

병 속의 칸막이 오른쪽에서는 차츰 술이 진해지고, 왼쪽 반은 물이 더 많아졌다. 난쟁이의 명령을 잘 생각해 보면 틀림없었다.

「아저씨들은 기막힌 재주를 가지셨군요.」

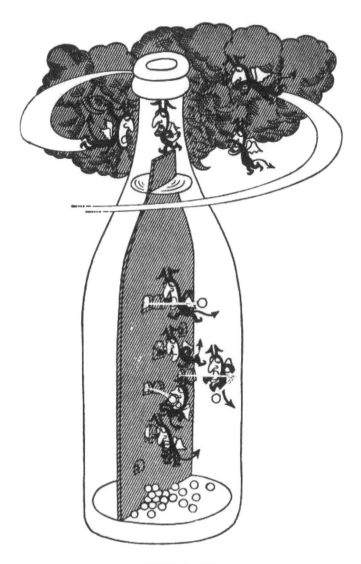

난쟁이들의 작업

「글쎄 말이다. 재주랄 수 있을까. 창을 열고 닫은 것뿐이야. 그러나 사람이 할 수 없는 일을 한 것은 분명하지.

훨씬 옛날 얘기지만… 그래, 정확하게 말하면 100년도 더 이전 1871년쯤 일이야. 영국의 맥스웰이란 전기를 연구한 유명한 물리학자가 우리 난쟁이들 이야기를 책에 썼단다. 『열의 이론』이란 책이야. 물론 그는 우리를 만난 것은 아니지만 여러 가지 생각한 끝에 이런 난쟁이가 있으면 어떻게 될까 상상했던 거야. 우리는 땅속에 숨었기 때문에 누구의 눈에도 띄지 않았지만 제법 들어맞았지.

우리 재주가 초인적이라고 해서 그는 우리에게 도깨비(demon)라고 이름 붙였는데, 도깨비라니 좀 심했어. 그래, 얘야, 아저씨들이 조금도 무섭지 않지?」

「그래요. 무섭지 않아요. 난 아저씨들 덕분에 살았어요.」

「어쨌든 잘했어. 이제 거의 술과 물이 갈라졌나 보다. 얘야, 아버님께 꾸중을 안 듣게 됐다.」

「아저씨, 정말 고마워요.」

「그럼, 안개가 걷히기 전에 우리는 가야 한다. 이런 날씨가 되면 다시 또 올게.」

이리하여 난쟁이들은 하수구를 통해 사라졌다. 아버지와 아들의 저녁은 언제나처럼 즐거웠다. 그때쯤 안개는 걷히고 공터 하늘에는 언제나처럼 별이 반짝였다.

난쟁이는 일한다

이때부터 안개가 짙은 날에는 난쟁이들은 공터 옆 소년 집에 가끔 놀러 오게 되었다. 그리고 때때로 생각지도 못할 일을 도와줬다.

잘못해서 물속에 잉크를 떨어뜨렸을 때 그들은 잉크와 물을 갈라 주었다. 섞인 액체 속에 칸막이 유리판을 넣고, 그것에 작은 창을 뚫고, 창을 통과하는 분자를 일방통행시켰다.

그 밖에도 탁한 물로부터 깨끗한 물을 분리시켰다. 식사 때에는 국물에서 맛없는 성분만을 교묘히 걷어 내어 굉장히 맛있는 국물을 만들었다. 어느 고급 호텔 요리사도 만들 수 없는 맛이었다.

변두리 집에 재미있는 난쟁이들이 찾아온다는 소문이 퍼졌다. 사람들은 잇따라 소년의 집을 찾아왔다. 그리고 난쟁이들에게 여러 가지 일을 부탁했다. 많은 경우에 난쟁이들은 기꺼이 협력했다.

그중에는 공해 문제 처리가 많았다. 이 지방은 공장 매연 때문에 공기가 많이 오염되었다. 큰 강당과 학교 교실의 창은 닫히고 그 대신 난쟁이들이 만든 수많은 작은 창으로부터 깨끗한 공기만이 방으로 들어오게 됐다. 그럴 바에야 차라리 굴뚝에 뚜껑을 달자고 하여, 굴뚝은 외부와 격리되어 해롭지 않은 기체 분자만 공기 중에 방출했다. 난쟁이들은 아무리 뜨거워도 견딘다.

결국 그들은 아주 정교한 집진기(集塵器: 먼지를 모으는 장치) 역할을 한 것이다. 이쯤부터 난쟁이들은 차츰 공업에 이용되었다. 화학공장 공장장은 그들을 정중히 초빙하여 공기 중의 산소와 질소를 분리해 달라 부탁했다. 이런 일은 난쟁이들에게는 식은 죽 먹기였다. 금세 대량의 산소와 질소를, 또 부산물로서 수소와 아르곤도 얻을 수 있었다. -190℃로 냉각하여 액체

공기를 만들거나, 대량의 전력을 소비하여 전기분해하는 등의 수고도 필요 없게 되었다.

우주선에 승선하여 선내 공기 정화에도 큰 역할을 했다. 컴퓨터실의 습기를 제거하는 것도 문제없었다. 바닷물에서 민물을 만들고, 동시에 소금 제조에도 공헌하였다. 그들은 동위원소의 분리도 가능했다. 천연우라늄에서 우라늄 235를 분리하여 농축우라늄을 제조하여 원자력발전에도 힘을 썼다.

인류는 번영하였다

그러고 나서 길고 긴 세월이 흘렀다. 인류의 번영이 계속됐다. 변두리 빈민굴은 철거되고 그 자리에는 빌딩이 세워졌다. 지구에서는 석탄, 석유, 모든 화학자원이 다 소비되었다. 또한 우라늄같이 핵분열을 일으키는 원소도, 중수소같이 핵융합 재료가 되는 물질조차 재고가 적어졌다. 그런데도 인간은 지상을, 공중을, 해저를, 지하를 자유자재로 돌아다녔다. 그들의 동력원은 무엇인가?

그것들을 움직이는 것은 모두 난쟁이들이었다. 모든 종류의 엔진과 화력발전기는 실린더의 피스톤을 움직임으로써 운전한다. 피스톤이 움직이려면 실린더 속이 뜨겁고 바깥쪽이 차야 한다.

공기 속이든 바닷물 속이든 막대한 수의 분자가 제멋대로 운동한다. 빨리 운동하는 것도 있고 느린 것도 있다. 벽에 작은 창을 뚫고 난쟁이들에게 교통정리를 시킨다. 빠른 분자는 실린더 속으로, 느린 분자는 밖으로 보낸다. 빠른 분자가 모인 공기는 뜨겁고 느린 분자의 집합은 차다. 난쟁이들 때문에 기계 내부는 외부보다 저절로 뜨거워진다. 석탄도 석유도 원자력도 필요 없다. 자동차는 가솔린 없이 달리고 발전기는 저절로 회전하고 전선에는 항상 전류가 흘렀다.

태평성대는 계속됐다. 인간은 단지 난쟁이들의 비위를 적당히 맞춰 주면 되었다. 그 결과 어떻게 되었을까?

인간은 건방져졌다. 생산 의욕이 없어졌다. 불손해졌다. 무엇인가를 생각하지 않게 되었다. 어딘가에서 위기감을 잊어버렸다. 오랫동안의 습관이란 무서운 것이어서 이 번영을 전적으로 스스로 이룩한 것으로 생각하게 되었다.

다툼

드디어 분통이 터진 난쟁이 대표는 인간의 대표인 대통령에게 면담을 요청했다.

「인간들이여, 당신들은 너무 게으른 것 같습니다. 좀 더 이마에 땀을 흘리면서 일하면 어떻겠습니까?」

「우리는 당신들 간섭을 받기 싫소. 당신들은 잠자코 창을 열고 닫으면 되오.」

「그러나 보아하니 인간들은 전혀 일을 하지 않는 것 같습니다.」

「그래요. 일을… 옛날에는 그런 말이 있었던 것 같소. 그러나 난쟁이님네, 그런 시대에 뒤떨어진 말은 이제 통하지 않소. 그럼 물어보겠는데 당신네들은 일을 하고 있는 거요? 당신들은 단지 창가에 뒹굴면서 들어오는 분자 종류에 따라 창을 열고 닫을 뿐이잖소.

만일 당신들이 필요한 분자를 적극적으로 끌어오고, 그리고 불필요한 분자는 강제로라도 배제한다면 당신들의 노동을 인정하겠소. 그런데 난쟁이님네 중에서 한 사람이라도 그런 일을 하였던가요?

당신들이야말로 가장 게으른 동물이잖소.」

어디까지나 인간은 인간이다. 난쟁이들의 약점을 잘 알고 있었다. 이 말에는 난쟁이 대표도 할 말이 없었지만 몹시 기분이 상한 것만은 틀림없었다.

「그렇습니다. 우리는 하나같이 적극적인 행동을 취하지 않았소. 그러나 인간의 오늘은 우리가 있어서 비로소 이룩된 것임을 잊지 마십시오. 너무 일꾼 취급만 하지 말아 주십시오.」

「일꾼을 일꾼이라고 하는 것이 뭐가 나쁘오? 당신네들은 자기들이 공기를 데우는 것같이 우쭐대지만 공기를 데우는 것은 당신네들이 아니고 태양이라는 것을 잊지 마오! 당신네들은 단지 분자를 선택하는 데 지나지 않았소.」

「그렇게 여긴다면 우리는 그만두겠습니다. 모두 떠나겠습니다.」

「마음대로 하오. 이젠 당신네들같이 건방진 작자들의 신세는 지기 싫소.」

오는 말이 고와야 가는 말도 곱다. 인간과 난쟁이들의 우호 관계는 곧 결렬되었다. 순간적으로 난쟁이들은 모습을 감췄다.

그 후의 인류

그 후 야단이 났다. 인간들은 서둘러 연료 수집을 시작했다. 그러나 벌써 지구에는 연료가 부족하고 태양은 거의 타 버리려 한다. 오랫동안 생산된 많은 로켓을 타고 다른 별에도 가 보았다. 그러나 우주의 어느 별이나 내리막길이었다. 많은 별은 원자핵융합으로 빛나고 있었으나 그것조차 중수소라는 연료가 다하기까지의 목숨이었다. 우주 전체가 노년기에 든 지금 신성(新

星) 폭발 같은 현상은 거의 볼 수 없어졌다.

인간 세계의 동력은 어디서나 정지되었다. 전기도 못 켜게 되었다. 난방도 모자라고 식량도 부족했다. 이윽고 굶주림과 추위로 죽는 사람이 나타나기 시작했다.

이때에야 인간은 난쟁이와 다툰 것을 깊이 후회했다. 그러나 이제 소용없다. 별은 계속 탔으며 모든 장소는 고른 온도로 평균화되어 갔다.

인간은 마구 쓰러져 갔고, 소수만이 옛날 번영했을 때 건조한 거대한 방어진지 속에 숨었다. 형태가 있는 것은 무너져 자연의 모습으로 되돌아갔다. 그리하여 물질을 만들고 있던 원자 자신이 이산화탄소와 물을 거쳐 가장 단순한 헬륨 등으로 변화해 갔다. 지구 표면만이 아니라 우주 전체를 통틀어 온도와 물질의 밀도가 평균화되어 갔다.

이 온도는 아주 차다. -260℃ 이하……. 도저히 인간이 제대로 살 수 있는 상태가 아니다. 별은 차츰 모습을 감추고 물질은 우주 전체에 뿌려진다.

우주의 죽음은 태엽이 풀리듯……

현재 태양은 빛난다. 우리 손자, 또 그 손자 때가 되어도 태양에 큰 이변이 일어난다고는 생각할 수 없다. 그런 뜻에서는 손자를 가진 사람, 손자의 아들을 가진 노인에게도 지구의 냉각을 걱정하는 것은 기우이다. 그러나 더 긴 눈으로 본다면…… 태양일지라도 무한히 에너지가 축적된 것은 아니다. 핵융합에 의한 열복사일지라도 언젠가는 끝장이 온다.

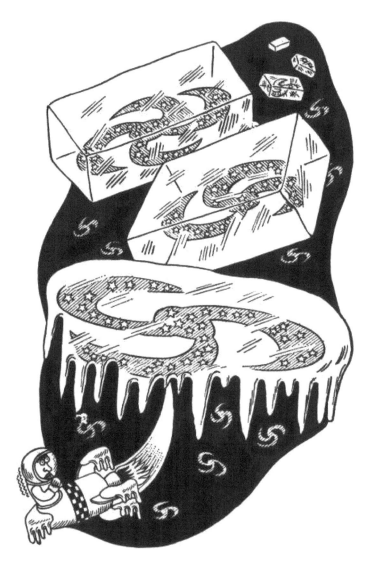

번영 뒤에 오는 것

가령 그 무렵까지 인류가 생존한다면 그들은 아마 로켓을 타고 태양계 밖으로 탈출을 시도할 것이다. 그리하여 어느 행성에 안주의 땅을 찾을지 모른다. 그러나 그 행성을 비춰 주는 천체도 필경 태양과 같은 운명이다. 다시 로켓으로 이동해야 한다. 그러나 어느 천체에 다다르더라도 사정은 마찬가지다. 인류는 우주의 방랑자가 된다.

지금도 옛날도 유랑하는 집시들은 어딘가에 영원히 안주할 땅을 구했을 것이다. 그러나 우주에서의 열적(熱的) 종말, 즉 물질 밀도와 온도의 균등화가 만일 예측된다면 인류가 아무리 우수한 로켓을 가졌다 해도 언젠가는 멸망할 수밖에 없다. 천체에 축적되었던 에너지는 우주에 분산하여 우주 공간을 약간 데우는 데 불과하고 도저히 생물이 생존할 수 있는 온도가 되지 못한다.

정말 우주의 종말은 이런 모습으로 닥칠까? 생물의 생존은, 하물며 인류의 생존은 문제가 아니다. 만일 열적 종말이 온다면 생물은, 더 일반적으로 말해 자기활동 기능을 가진 유기물질은 그보다 훨씬 이전에 사멸할 것이다. 아무리 두뇌가 발달한 인간이라도 예외가 아니다. 인간이 그 예지(?)를 살려 이룩한 방어 수단이 자연계의 변화에 대해 쥐 또는 박테리아보다도 훨씬 큰 저항력을 발휘하여 최후의 최후까지 살아남을 수 있을지 아주 의심스럽다.

부처님 손바닥 안에서

인류가 멸망한 뒤는 어떻게 되든 상관없다고 내던져 버리는 것도 하나의 견해일지 모른다. 그러나 지적 호기심이(아마 이것은 인간에게 특유한 것이리라) 우주의 종말을 알고 싶어 한다. 그 답으로서 열적 종말을 생각하는 것이 물리학에 있어서 하나의 학설이다. 특히 통계역학이 대두된 20세기 초에는 이런 설을 믿는 사람이 많았다. 1915년 아인슈타인의 일반상대론이 제창되어 이 넓은 우주도 한없는 것이 아니고 유한한 크기라고 믿는 사람이 많아졌다.

그런데 관측위성을 많이 발사한 NASA(미국 국립 항공우주국)가 최근 발표한 바에 의하면 우주는 지금까지 생각된 것보다도 몇 배나 큰 것일지 모른다고 한다. 이것이 사실이라면 우주의 물질 밀도는 뜻밖에 엷을 것이고, 우주 부피에 한계가 있다는 가능성이 부정될지도 모른다. 즉 우주는 「열렸고」 어디까지 무한히 팽창을 계속한다고 생각해도 될지 모른다.

그러나 과학은 성급하게 결론을 내리지는 않는다. 최근 점차 실증적인 색채가 짙어진 우주론은 아직 너무 모르는 것이 많다는 것이 실정이다. 인간의 지적 호기심은 멈출 줄 모르며 여기에 노력과 예지가 뒤따르기 때문에 우리에게 알지 못할 것은 없을 것으로 착각하지만, 언제까지나 부처님 손바닥에서 맴돌던 손오공의 비유가 뜻밖에 사람의 지식에 들어맞을지도 모른다.

시간이 없어진다!

가령 우주가 열적 종말에 도달했다면 어떻게 될까? 그때에는 인간도 생물도 별도 없고(특정한 장소에 질량이 축적되지 않으므로) 우주에는 아득히 넓은 공간과 헛되이 지나가는 시간만이 존재한다.

이같은 문학적(?) 표현은 허용되지 않을지 모른다고 저자는 생각한다. 왜 그런가? 열적 종말 상태에서는 우주에는 생물도 별도 없지만, 가령 생각할 수 있는 우리의 영혼만 있다고 하자.

공간이란 무엇인가? 우리가 눈앞에 3차원적인 것이 있다고 인식하는 것이다. 제일 간단한 것은 이 점(A)과 저 점(B)을 지정했을 때 A와 B 간의 거리가 인식의 대상이 되는 것이 공간이다.

우주의 밀도가 모두 같아졌을 때 이 점과 저 점의 상이점을 지적할 수 있을까? 이것과 저것이라든가, 또는 멀다거나 가깝다는 개념은 공간에 비교될 수 있는 물체가 있거나, 관측자가 자를 가지고 공간의 일정한 장소에 존재하거나 또는 한 점에서 다른 한 점으로 달리는 특별한 빛이 있는 경우에만 말할 수 있지 않을까? 다른 것과 비교해 특히 물질 밀도가 높은 장소가 있거나 온도 차이가 있다면 한 점에서 다른 점으로 달리는 강한 빛이 있을 것이다. 그런데 이때 우주는 등온(等溫)이다. 가령 미약한 빛이 있어도 아주 제멋대로 무차별로 날아간다. 여기와 저기를 구별할 아무것도 없다. 우주 공간을 3차원이라거나 4차원이라 할 수 있는 것은 거기에 물질이든 특정한 빛이든 존재하기 때문이 아닐까.

시간이란 때의 경과이다. 우리는 지구의 공전과 자전에 의해 가장 감각적으로 시간의 흐름을 안다.

그런데 극한 상태에서는 벌써 시계라는 물체는 없다. 시계 같은 것은 없어도 시간은 있다고 반발할지 모른다. 그러나 타는 태양도 없고 움직이는 지구도 없다. 빛나는 별도 없고 이따금 불어오는(언제나 일률적으로 닥치는 것이 아니라는 데 주의한다) 자기폭풍, 전파, 중력파도 없다. 생물학적 현상은 물론,

모든 자연현상에 있어서 탄생, 성장, 번영, 쇠퇴, 소멸이라는 과정은 하나도 남지 않았다. 한 현상에서 다른 현상으로 일방적으로 변이하는 일이란(통계역학에서는 이렇게 하나에서 다른 것으로 변이해도 그 역이 불가능한 과정을 비가역과정이라 한다) 전혀 존재하지 않는다. 모든 현상은 모든 비가역과정을 거쳐 가는 데까지 가 버렸다. 모든 것이 변화하지 않게 되어 버렸다.

현상의 진행, 특히 비가역현상이 전혀 없는 곳에 시간이 정의될 수 있을까? 아니, 시간이 존재하는가?

필자에게는 과학이 자연 인식의 발판으로 삼고 있는 공간이라든가 시간 자체가 그다지 절대적인 것이라고는 생각되지 않는다. 천체가 있어야 비로소 공간이 있고, 비가역현상이 있어야 시간을 생각할 수 있다(시계의 진자만 보고 문자판을 보지 않고, 또 그 진동에 전후의 순서를 정할 수 없다면 누가 시간을 알릴 수 있단 말인가).

가령 영혼이 있어도 그 영혼이 지각할 수 있는 대상물이 아무것도 없다. 자연 속에 비교할 수 있는 것이 아무것도 없기 때문이다. 공간이든 시간이든, 지금 자연계의 기본 개념이라 생각되는 것도 그 존재가 없어진다…….

타임머신은 만들 수 없는가?

우리가 사는 우주는 과연 최종적으로 이런 모습이 되고 마는가? 열적 평형으로 나아가려 하는 자연계의 경향을 어디선가 저지하고 다시 역전시키는 수단은 없을까?

맥스웰이 생각해 낸 도깨비는 분명히 열적 종말로 향하는 현상을 반전시킨다. 또 이에 의하면 타임머신을 구사하여 역사를 과거로 거슬러 올라가 H. G. 웰스*의 공상을 실현시킨다. 그러나 이 도깨비는 단순히 맥스웰의 머릿속에서만 살던 상상물이며 전혀 비현실적인 얘기일까.

나중에 자세히 이야기하겠지만 독자들은 「물 먹는 새」라는 장난감이 있다는 것을 알고 있을 것이다. 점포 쇼윈도 속에서 컵의 물을 부리로 마시고는 머리를 들고, 마시고는 머리를 든다. 태엽으로 움직이는 것도 아니고, 건전지가 들어 있는 것도 아니다. 그런데 언제까지나 물 마시는 운동을 계속한다.

상대론으로 유명한 아인슈타인이 이것을 보고 왜 영구히 운동을 계속하는지 그 메커니즘을 알아차리지 못했다는 얘기도 있다.

상세한 설명은 나중에 하겠지만 물 먹는 새는 태양열로 운동을 계속한다. 주위의 열을 이용하여 이를 목의 운동으로 변환한다. 열을 일로 바꾼다는 것에서는 에너지적인 모순이 없다. 열을 먹는 것이므로 무(無)에서 유(有)를 낳는 것은 아니다.

그러나 지금 한 발자국 나가서 생각할 필요가 있지 않을까? 물 먹는 새가 이용한 것은 자기 주변의 열이다. 그 열을 동력으로 바꿨다. 우리는 그것을 여러 차례 보아 알고 있다. 단순한 공론이 아니라 완구점에 가면 누구나 볼 수 있는 「사실」이다.

그렇다면 똑같은 이치로 바닷속의 열을 이용하여 배를 움직일 수 없을까? 대기열로 자동차를 달릴 수 없을까? 물 먹는 새

---

*편집자 주: 과학 소설로 유명한 영국 소설가. 대표작으로 『타임머신』(1895), 『우주 전쟁』(1897) 등이 있다.

는 작으니까 가능하다는 것은 이유가 되지 않는다. 작든 크든 기본이 되는 사실, 또는 그 이론은 중요시되어야 한다.

앞에서 얘기한 대로 열적인 기계가 움직이기 위해서는 거기에 온도 차가 생길 필요가 있다. 그리고 자연은 내버려 두면 온도 차가 없어지는 일은 있어도 온도 차를 만들어 낼 수는 없다. 그럴 수 있는 것은 맥스웰의 도깨비뿐이다. 그렇다면 물 먹는 새에는 맥스웰의 도깨비가 깃들었단 말인가?

한편 우주의 종말이라는 큰 문제, 또는 시간이란 대체 무엇인가 하는 기본적인 과제가 있고, 다른 한편에는 물 먹는 새 같은 극히 평범한 화제가 있다. 모든 자연현상에 대해서 절대적이라고 생각되는 제약을 가하는 열현상이 얽힌 이야기이므로 같은 입장에서 생각해야 하는 문제이다. 우주를 대상으로 하는 큰 문제도 뜻밖에 우리 주변에 해결의 실마리가 있을지 모른다.

우주의 열적 종말이라는 규모가 큰 문제와 동시에, 같은 비가역적인 과정으로서의 인간 집단이 영위하는 사회적 활동이 이목을 끌게 된다. 대자연에 열적 파멸이라는 일방적 진행 과정이 있다면 사회기구에도 단순한 것에서부터 복잡화, 또는 난잡화라는 일방통행이 있다는 것을 생각해야 한다. 복잡화, 다양성, 평균적인 것으로의 추이라는 식으로 문제를 생각해 보면 자연과 사회 양자의 근저는 전적으로 같은 법칙으로 지탱된다고 생각된다.

이 법칙이란 무엇인가? 한마디로 말하면

「엔트로피는 시시각각 증가한다」

는 표현이 적합하다. 엔트로피란 20세기 전반까지는 물리학자들이 열역학과 통계역학에서만 쓴 용어였다. 그런데 현재는 계산 기계, 사무기구 또는 사회 문제를 논할 때도 필수적인 개념이 되었다. 자연현상, 크게 말하면 우주의 진전과 인간 사회의 잡다한 번잡화는 너무 비슷하다는 것을 사람들이 알아차리기 시작하였기 때문이다.

그리하여 우주에 열적 종말이 닥친다면 인간 사회에도 그 복잡성 때문에 멸망이 예측되는가? 있을 수 있다고 저자는 생각한다. 우주의 법칙에 대해서는, 먼 미래는 현재의 자연과학으로는 거의 수수께끼라고 할 수밖에 없다. 그런데 인간 사회 쪽은 더욱더 가까운 장래에 종말이 다가온다고 생각할 수 있다. 인간이 우주의 장래를 생각하는 그 저변과 같은 법칙에 따라 인류의 멸망이 다가올 것이 충분히 예상된다.

그러나 이 일, 즉 사회생활의 복잡화 때문에 찾아올 인류 위기에 대해서는 필요한 개념을 이해한 뒤에 권말에서 다시 상세하게 생각해 보겠다.

이러한 문제에 직면하면 언제나 그 해학적인 모습을 한 맥스웰의 도깨비가 나타난다. 때로는 동력이 없는 자동차를 운전하고, 또 시간 개념을 근본적으로 변혁하는 능력이 있는 맥스웰의 도깨비는 열적 현상과 비가역적 추이를 진지하게 풀려는 사람 앞에 자연계의 불가사의함을 강요하는 것처럼 생각도 되지만….

I. 영구기관 이야기

기계란 농땡이 정신의 결정이다

불과 100년 전까지만 해도 가마라는 아주 비능률적인 교통 수단이 있었다. 사람을 나르는 수단으로는 제일 힘든 방법의 하나이다. 수레로 나르는 편이 훨씬 편하다. 왜 편한 길을 생각 하지 않았을까?

물론 수레도 있었다. 그러나 울퉁불퉁한 길을 갈 때 너무 진 동이 심하기 때문에 사람을 나르기는 적당하지 않다고 생각했 는지 그저 가마에만 매달렸다.

농땡이 정신을 발휘하여 그런 힘든 일은 싫다고 내던졌으면 어떻게 되었을까? 그렇다고 사람을 나르지 않을 수는 없다. 그 래서 수레를 생각한다. 수레는 진동이 심하다. 진동을 없애기 위해(도로 정비는 엄두 내지 못하더라도) 바퀴나 축받이를 개조 할 생각은 했을 것이다. 그리하여 수레를 사람 힘으로 끈다. 가 마만큼 힘이 들지 않더라도 역시 힘든 일이다. 그래서 사람 힘 을 들이지 않고 수레를 달릴 수 없을까 하고 엉뚱한 데로 머리 를 썼다.

현재 우리 주위에 있는 기계 또는 기구를 봐도 거의가 농땡 이 정신에서 나온 것이다. 세탁기나 식기세척기는 그 대표적인 것이다. 극장으로 가는 것이 귀찮다고 라디오나 텔레비전을 만 들었다. 차의 진동을 줄이기 위해 도로를 포장하면 되는데, 더욱 능률적으로 바퀴가 닿는 부분만을 판판하게 한 것이 철로이다.

꾀를 부리는 것이(바꿔 말하면 인력에 의한 에너지 절약이) 증기기관, 내연기관, 전기모터 회전, 제트기관 등의 개발로 연 결된다. 그리하여 인간과 같은 크기의 기계도 인력의 몇백 배, 몇천 배 되는 에너지를 공급하기에 이르렀다.

농땡이의 극치

농땡이에서 얘기를 시작한 이유는 세상에서 제일 가는 농땡이 기계를 찾아보면 어디까지 가는가를 생각해 보기 위해서였다. 실용적으로 편리한가의 뜻이 아니라 이론적으로 가장 덕을 보는 장치는 무엇인가?

자동 안마기라든가 자동 구두닦이 기계 등은 농땡이 기계의 극치인데, 그것을 동작시키는 데는 전력이 필요하다. 그러나 전력을 소비하여 그 대가로 기계를 움직인다면 너무 당연한 일이어서 재미없다. 석탄과 석유 같은 연료도 쓰고 싶지 않다. 그러면서도 어깨를 두들기거나 구두를 닦는 동력이 필요하다….

동력만 얻을 수 있다면 그다음은 적당한 장치를 쓰면 된다. 어깨를 두들기게 할 수도 있고, 접시도 닦을 수 있다. 얻는 힘이 크면 발전기를 돌려 전류를 얻는 것도 가능하고 몇백 kg이나 되는 철재를 빌딩 옥상까지 들어올릴 수도 있다. 요컨대 어떻게 전기나 연료 같은 외부적인 도움을 빌리지 않고 동력을 얻는가가 문제이다. 이러한 편리한 기계가 만들어진다면 그야말로 농땡이 정신의 극치가 되는 장치일 것이다.

영구기관에의 도전

외부로부터 힘을 전혀 빌리지 않고 물건을 움직이려고 하는 장치는 옛부터 여러 가지 고안되었다. 만일 성공되었다면 물레방아나 풍차의 힘을 빌리지 않았을 것이고, 또 사람 힘을 쓰지 않고, 전기 요금도 낼 필요가 없고, 석탄도 석유도 사 쓸 필요가 없었을 것이다. 그야말로 불로소득이 된다.

이 불로소득이 되는 기계를 영구기관이라 한다. 전기나 열,

또는 바람이나 물에 의해 일을 시키지 않고, 더욱이 영구히 일을 할 수 있기 때문이다. 영구기관이 언제부터 관심거리가 되었는지 분명하지 않지만 비슷한 생각은 그리스 시대에도 있었고, 16세기경에는 상당히 깊이 연구되었다. 그 후 제분소 주인이나 기사, 화가와 성직자에 이르기까지 많은 사람들이 이런 기계를 만들려고 침식을 잊고 골몰했다. 연금술사가 어떻게든 금을 만들려고 노력한 것 못지않은 정력이 쏟아졌다. 그 결과는 어떠했는가? 큰돈을 번 사람이 나타났다. 영구기관이 만들어졌단 말인가? 그렇지는 않다. 영구기관을 미끼로 사기를 친 것이다.

전문가 외의 사람들이 과학을 모르는 것은 동서양을 불문하고 마찬가지이다. 현대에도 하찮은 과학적 정보가, 가령 새로운 컬러 텔레비전 기술이 개발되었다는 소문 등이 증권시장을 뒤흔든 일도 있었다. 하물며 암흑시대였던 중세나 과학이 탄생하기 시작한 무렵에는 더했을 것이다. 금의 제조가 완성 단계에 이르렀다면 후원자가 생겼을 것이며, 영구기관이 완성되었다면 부자가 돈을 대려 했을 것이다.

영구기관에 얽힌 최대 사기 사건의 하나는 18세기 초의 오르피레우스의 자동바퀴이다. 지름 4m 정도의 큰 톱니바퀴가 조금 경사지게 설치되었다. 톱니바퀴의 원주에 가까운 부분 네 곳에 추가 달렸고, 추가 제일 낮은 곳에 왔을 때 왼쪽 캠에 닿으면 위쪽으로 몰린다. 톱니바퀴의 높은 곳에 이른 추는 낙하되는 힘에 의해 톱니바퀴를 돌린다. 이리하여 차례차례로 높은 부분에 추가 돌아오고 톱니바퀴는 영원히 돈다……. 이것은 지금 생각해 보면 아주 어이없는 장치였다.

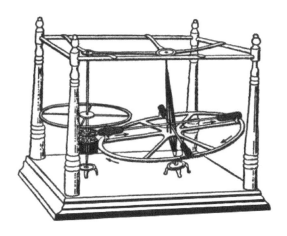

〈그림 1-1〉 오르피레우스의 자동바퀴

물론 낙하하는 추는 캠에 닿으면 힘이 죽고, 이론적으로도 영구적으로 움직일 수 없다. 그 밖에도 축받이에 생기는 마찰과 공기저항 때문에 어차피 톱니바퀴는 정지된다. 오르피레우스는 기계의 주요 부분을 교묘히 가리고, 사람을 마루 밑에 숨겨 아래로부터 밧줄로 움직이게 하였던 것 같다.

그는 이 엉터리 설계도를 들고 부자들을 찾아가 설득했다. 더군다나 자기 나라인 독일뿐만 아니라 폴란드와 러시아의 제후까지 설득했다고 한다.

당시 유럽의 이른바 상류계급 사람들 사이에서는 유명한 화가, 음악가, 탐험가들의 후원자가 되는 풍조가 강했는데 위대한 발명가(?) 오르피레우스도 많은 사람들의 경제적 원조를 받고 사치스런 생활을 보냈다고 한다. 특히 공업 기술에 크게 관심을 가졌으며, 유달리 호기심이 많았기로 유명한 러시아의 표트

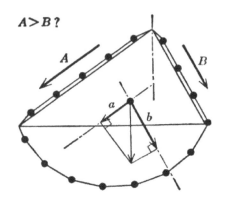

<그림 1-2> 사슬을 사용한 간단한 영구기관

르 1세를 상대로 10만 루블로 이 기계를 대여하는 계약을 맺었다고 한다.

결국 이 계약은 표트르 1세의 죽음으로 실현되지 않았지만 그의 기계는 곳곳에 전시되어 많은 사람의 놀람과 찬사를 받았다고 한다.

그러나 거짓말은 오래가지 못하는 법이어서 차츰 그의 기계를 트집 잡는 사람이 나타났는데, 아무리 해도 그 야바윗속을 밝힐 수 없었다.

결국 어처구니없이 들통은 났다. 오르피레우스는 여비서에게 기계 조작과 경리 사무를 전부 맡겼는데 그와 여비서 사이를 의심한 부인이 여비서와 크게 싸웠고 그 여비서가 비밀을 폭로했다고 한다.

얘기의 끄트머리는 묘하게 빗나가 진위는 의심스럽지만 아무튼 영구기관이라면서 세상에 나온 것은 이렇게 끝장이 난 것이 많다.

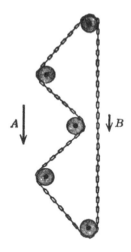

〈그림 1-3〉 그림 1-2를 개량한 영구기관

영구기관의 비밀

현재까지 갖가지 영구기관이 나왔는데 어떤 것이 고안되었는지 그림으로 보는 것이 알기 쉽다.

① 경사가 다른 삼각형에 걸린 구슬

〈그림 1-2〉와 같이 오른쪽 사면과 왼쪽 사면의 경사 각도가 다른 삼각형이 있다. 이 두 사면에 사슬을 걸었을 때 오른쪽보다 왼쪽에 구슬이 많으므로 왼쪽으로 끄는 힘이 더 셀 것이다 (A>B). 그러므로 삼각형 꼭짓점을 지나 구슬들은 왼쪽으로 이동하므로 전체적으로는 사슬은 시계 반대 방향으로 돌 것이다. 이런 종류의 영구기관은 상당히 오래전부터 고안된 것 같다. 실험장치도 간단하므로 아마 실험해 본 사람도 있었을 것이다.

물론 이런 것이 돌 리가 없다. 확실히 왼쪽 사면에 실린 사

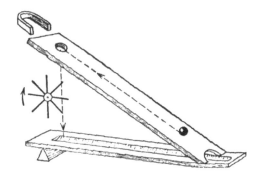

〈그림 1-4〉 윌킨스의 자석을 이용한 영구기관

슬이 길지만 사슬 한 개당 작용하는 중력의, 사면에 따른 방향
의 성분은 경사가 완만한 왼쪽이 적고(a>b), 개수가 많은 것을
완전히 상쇄한다. 삼각함수를 배운 여러분은 「사면에 따라 아
래로 작용하는 힘은 경각의 사인에 비례한다」고 하겠지만, 이
러한 수학적 증명이 물리 실험으로 증명되는 것은 재미있다.

　이것을 좀 더 복잡화한 것이 〈그림 1-3〉이다. 왼편 사슬 쪽이
길지만 그렇다고 해서 왼편이 내려간다고는 할 수 없다. 그림에
A를 크게 그린 것은 거짓말이고 경사진 만큼만 힘이 준다.

② 자석을 이용한 영구기관

　이 원리는 영국의 윌킨스 주교의 발명(?)이라 하는데 사면 꼭
대기에 아주 강력한 자석을 놓았다. 쇠공은 이 자석에 끌려 비
탈을 올라간다. 그런데 비탈 꼭대기 가까이에 구멍이 있어서
공은 아래로 떨어진다. 떨어지면서 바퀴를 돌린다. 쇠공은 비탈
아래까지 굴러 다시 자석에 끌려 올라간다. 이것을 영원히 되
풀이하면 바퀴가 돌아가면서 일을 할 수 있게 된다(그림 1-4).

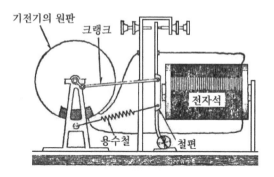

기전기의 원판
크랭크
전자석
용수철
철편

〈그림 1-5〉 자동기전기과라 부르는 영구기관

물론 이 장치도 엉터리이다. 자석이 강력하면(시판되는 자석
에는 이렇게 강력한 것은 없지만) 쇠공이 비탈을 올라갈 수는
있을 것이다. 그러나 그렇게 강력한 자석이라면 비탈에 구멍이
있어도 떨어지지 않고 자석에 달라붙고 만다. 당시 윌킨스 주교
스스로는 설계만 했을 뿐 결코 만들지 않았다고 하니 인기만
독차지하고 스스로 손을 더럽히지 않을 작정이었던 것 같다.

③ 전기장치로 된 영구기관

두 종류의 물질(가령 에보나이트와 명주 같은 것)을 마찰하면
전기가 일어난다. 또 원기둥 모양의 물체에 구리줄을 감고 전
류를 통하면 원기둥은 막대자석이 된다. 이것을 전자석이라 한
다. 이 두 가지 원리를 이용하여 만든 것이 〈그림 1-5〉 같은
영구기관이다.

처음에만 손으로 왼편 원판을 돌려 준다. 아래쪽에 마찰시키
는 물질이 붙어 있어 원판은 전기를 띠게 된다. 이 전기가 전
자석에 흐르면 자석은 곧 왼편 철편을 끌어당긴다. 그러면 크

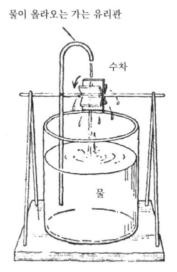

물이 올라오는 가는 유리관

수차

물

〈그림 1-6〉 모세관 물레방아

랭크가 왼편으로 돌고 왼편 원판을 반회전시킨다. 다음에 늘어
난 용수철이 줄면서 철편을 전자석으로부터 떼 낸다. 그 힘으
로 다시 원판은 돌아가 마찰전기가 일어나며 다시 전자석에 전
류가 흐른다…. 그리하여 원판 축 회전을 이용하여 구두닦이든
어깨를 두들기는 일이든 공짜로 할 수 있다는 것이다.

　이 이야기도 물론 진짜가 아니다. 원판이 돌면 마찰에 의해
전기가 정말 일어난다. 그러나 전기저항에 의한 에너지의 손실
과 철편의 움직임에 의한 마찰 등을 생각하면 기계의 운동은
감쇠되어 곧 정지된다. 하물며 어깨를 두들게 한다는 것은
얼토당토않다.

④ 모세관현상을 이용한 것

물속에 관을 넣으면 물은 관 속으로 저절로 올라간다. 물과 유리의 부착력이 크게 작용하는 이 현상을 모세관현상이라 한다. 여기서는 올라간 물의 낙하를 이용하여 물레방아를 돌리려는 것이다.

이것도 공상일 뿐 실제로는 불가능하다. 물이 가는 관 속으로 올라가는 것은 틀림없고, 예를 들어 수건 같으면 섬유 틈새를 통하여 물이 올라간다. 그러므로 수건을 매달아 놓고 그 끝을 물에 담그면 위까지 젖어 오른다.

그러나 이렇게 하여 모세관현상으로 올라간 물은 설사 구멍이 있어도 낙하하지 않는다. 물이 유리관과 섬유에 딱 달라붙는다고 생각하면 된다. 그림의 지팡이 모양 관이 물로 가득 찰 것이지만 결코 물은 떨어지지 않는다.

⑤ 좌우 힘의 불균형을 이용하여 돌리는 바퀴

시소처럼 막대 중앙부에만 경첩을 달고 이 점을 축으로 회전할 수 있게 한다. 천칭처럼 막대를 수평으로 해 놓고 좌우에 같은 무게를 얹는다. 중앙의 지점으로부터 좌측 추까지의 거리가 우측까지보다 길다고 하자. 이때 막대는 어떻게 되는가? 물론 왼쪽이 내려가고 오른쪽이 올라간다. 추의 무게가 같다고 해도 받치는 점에서부터 거리가 멀수록 막대는 돌아가려는 힘이 커진다.

따라서 〈그림 1-7〉과 같은 바퀴를 생각해 보자. 중앙부만 축으로 받쳐졌고 자유롭게 회전할 수 있게 한다. 기름이 잘 쳐져서 마찰이 거의 없고 조금만 힘을 가해도 금방 돌게 되어 있다.

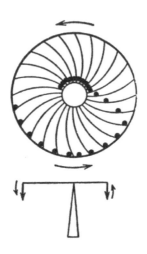

〈그림 1-7〉 불균형 바퀴

보통 바퀴는 중앙 축으로부터 원주까지 방사상 직선으로 살이 뻗었는데 이 바퀴는 살이 휘었다. 이 휜 살에 하나씩 무거운 쇠공이 들어 있다. 이때 바퀴는 어떻게 될까?

〈그림 1-7〉에서 알 수 있듯이 축 좌측에서는 쇠공이 중앙 축으로부터 제일 먼 곳에 닿는데 우측에서는 휘었기 때문에(실제로는 산이 아니고 골짜기), 쇠공은 골짜기의 제일 낮은 곳에 멎는다. 이는 좌측 공에 비해 상당히 안쪽에 있다. 즉 축에 가깝다. 그렇게 되면 앞의 회전력을 생각하면 어떻게 될까? 왼쪽은 내려가고 오른쪽은 올라간다. 단순한 시소일 때는 설사 왼쪽이 내려가도 적당한 곳에 머물고 그것으로 끝난다. 그런데 이 바퀴는 돌아도 돌아도 같은 일이 되풀이된다. 그러므로 축을 발전기에 연결하거나 축의 회전을 이용하여 밧줄을 끌거나 물건을 들어올릴 수 있게 된다. 이것은 바로 제1종 영구기관

(나중에 얘기할 것처럼 열역학 제1법칙에 도전하는)이 아닌가.

물론 이 기계도 엉터리이다. 확실히 좌측 공은 우측보다도 축에서 멀리 떨어졌다. 그러나 〈그림1-7〉에 따르면 바퀴의 오른쪽 윗부분에서는 공이 골짜기에 있는 데 비하여 왼쪽 윗부분에서는 산에 오를 수 없고 거의 축에 달라붙는다. 전체적으로 생각하면 시계 방향의 힘(정확하게 말하면 힘의 모멘트)과 그 역방향의 힘이 똑같기 때문이다.

왜 불가능한가?

여러 가지 영구기관을 생각해 보았는데 모두 결론은 「엿장수 마음대로 되지 않았다」. 설계도만을 봐도 금방 들통이 날 장치가 많고, 그중에는 아주 복잡한 것도 있다. 속임수가 되는 부분이 복잡한 기계장치에 가려져 쉽게 발견되지 못한 것도 있었지만, 아무튼 영구기관이란 공상의 영역을 벗어나지 못한다. 실제 모든 영구기관은 나중에 얘기할 열역학 제1법칙, 또는 제2법칙에 걸려 원리적으로 불가능하다.

영구기관의 속임수에 대한 정확한 지식을 얻기 위해 얘기가 다소 딱딱해지지만 여기서 아무래도 「에너지」라는 개념을 이해하고 지나가야겠다.

물체가 높은 위치에 있다는 것(위치에너지), 잡아당긴 활과 억지로 늘린 용수철 등(이것도 위치에너지라고 한다), 물체가 달리는 것(운동에너지), 물체가 뜨거운 것(열에너지), 전기가 축적되거나 철사에 전류가 흐르는 것(전기에너지) 등은 모두 에너지를 가진 상태이다. 소리를 낸다는 것은 발음체로부터 공간에 음파에너지를 내보내는 것이며, 물체로부터 빛과 전파를 공중에 복사하는 것도 결국은 에너지 복사라는 말로 통일된다. 앞에서 나온 오르피레우스의 자동바퀴를 다시 한 번 생각해 보면, 회전하는 캠이 추의 위치에너지를 높일 때에 운동에너지를 소비하는데 결국 양쪽 에너지는 상쇄되어 나중에는 아무것도 남지 않는다는 것을 알게 될 것이다.

영구기관이란 결국 없는 데서 에너지를 만들어 내려는 장치이다. 그리고 이것은 모두 실패로 돌아갔다.

영구기관뿐만 아니라 모든 물리현상을 통틀어 무(無)에서 에너지를 창조할 수는 없다. 원자 세계, 더욱 원자핵 내부까지 들어가 양성자, 중성자 또는 중간자 등의 행동을 보더라도 에너지란 형태를 바꾸는 일은 있어도 전체량은 일정하다고 생각된다. 이것을 「에너지 보존법칙」이라 부르는데 현재의 물리학은 이 법칙의 바탕 위에 성립된다.

에너지 보존법칙이 나온 것은 1840년대인데 그 뒤에도 영구기관에 집착하는 사람들이 끊이지 않았다고 한다. 19세기 말에 자본금 100달러로 설립된 「킬리 모터회사」(미국)도 좋은 예이다. 돈벌이에 눈이 어두운 자들을 속이는 것에 눈썹 하나 까딱하지 않던 존 킬리가 죽고 나서야 출자자들은 100만 달러(당시의 돈으로)를 사기당한 것을 알아차렸다.

킬리는 「한 바가지의 물이 세계를 바꾸는 힘을 가졌다」고 큰소리치면서 스스로 모터를 실험해 보였다고 하는데 그것은 영구기관이라기보다는 더욱 대담하게 에너지 보존법칙을 무시한 것이었다. 아니, 킬리가 보존법칙을 무시한 것이 아니고(그는 남몰래 모터에 에너지를 가했다) 후원자들이 이를 무시하리라는 것을 그가 간파했던 것이다.

물론 과학하는 마음이란 모든 기성 개념을 죄다 의심하고 들어야 한다. 절대적으로 진실이라고 생각하는 것은 머리로만 생각하는 사람이다. 인간의 판단에 잘못이 없다고는 결코 말할 수 없다.

그러나 만일 에너지 보존법칙을 의심할 만한 일이 일어났다면 그것은 일상적 현상에 비해 훨씬 극단적인 세계, 가령 극미의 소립자 세계에서나 일어날 것이다. 인간이 만든 큰 기계가 에너지 보존법칙을 위배하여 마구 일을 하기 시작한다고는 도저히 생각할 수 없다. 영구기관은 역시 엿장수 마음대로 되지 않는 장치이다.

에너지 연구

물리학은 연구 대상에 따라 역학, 열학, 파동학, 광학, 전자기학 등으로 나뉜다. 이들은 갖가지 방법으로 취급되지만 전반적으로 고찰하면 에너지 변환의 기구를 연구한다고 할 수 있지 않을까?

낙체 문제는 위치에너지에서 운동에너지로의 변환이며, 진자의 단진동은 상호 변환의 반복이다. 물체를 수평한 바닥에서 끌면 일이라는 에너지를 열에너지로 바꾸게 된다. 전열기는 전기에너지로부터 열에너지로의 변환현상이다.

보통 기계라 부르는 것은 에너지 변환장치를 말한다. 예를 들면

모터: 전기에너지　　　→　　　운동에너지

전등: 전기에너지　　　→　　　빛에너지

전열기:	전기에너지	→	열에너지
사이렌:	운동에너지	→	소리에너지
발전기:	운동에너지	→	전기에너지
열기관:	열에너지	→	운동에너지

등이다.

석탄, 숯, 석유는 다량의 열을 낸다. 촛불도 규모는 작지만 빛과 열을 내는 것으로 치자면 마찬가지다. 이 경우 무엇이 열에너지로 변했는가?

석탄, 석유, 양초에 원래 에너지가 있었다고 생각하자. 탄소 원자가 복잡하게 배열된 이 물질들은 연소 후의 이산화탄소보다는 에너지가 높다고 한다. 석탄과 석유처럼 물질 자체가 갖는 에너지를 화학에너지라 한다. 녹말, 단백질, 지방도 화학에너지를 갖고 동물의 성장에 한몫을 한다.

연소란 화학에너지의 해방을 말한다. 이 해방도 아궁이와 용광로 속에서 일어나는 한 매우 유효하지만 주택의 목재에 화학에너지의 해방현상이 일어나면 결코 반가운 일이 못 된다. 더욱이 한번 해방현상이 일어나면 그것이 인접물에 차례차례 파급해 가는 것은 자연현상이나 사회현상에서 공통된 경향인 것 같다.

짐을 지는 것은 일이 아니다

물건이 높은 곳에 있거나, 전기를 띠면 우리는 거기에 에너지가 있다고 한다.

그러나 에너지 가운데는 아주 괴짜가 있다. 상당히 귀에 익은 용어인데 이것을 「일」이라 한다. 일이란 하지 않으면 나타나지 않는 에너지이다.

일은 물리학 교과서에 쓰인 대로 어떤 힘으로 물체를 끌어서(또는 밀어서) 물체를 움직이는 것을 말한다. 식으로 나타내면

(일) = (힘) × (물체가 힘의 방향으로 움직인 거리)

가 된다.

여기서 오해가 많이 생긴다. 예를 들면 어떤 사람이 60kg의 쌀가마를 졌다고 하자. 짊어지고 사다리를 올라가면 이 사람은 일을 한 것이다. 일한 결과 쌀가마의 위치에너지가 증가한다.

그런데 이 사람이 쌀가마를 진 채로 가만히 서 있다고 하면 어떻게 될까? 이때에는 아무 일도 하지 않는 것이 된다. 「쌀가마를 진 것만도 아주 중노동이 아닌가, 가벼운 물건을 든 것보다 훨씬 힘이 든다」고 말할지 모른다. 허리가 휘청거리고 땀이 뻘뻘 쏟아져도 일은 역시 0이다.

필자도 학생에게 이런 질문을 받은 일이 있다. 「선생님, 짐을 짊어지고 가만히 있는다고 해도 실은 눈에 보이지 않을 만한 미세한 상하운동을 하지 않을까요?」 그는 여러 가지 미적분 문제도 들고 나서면서 예를 들었다. 물론 상하운동을 한다면 일이 된다. 그러나 이 질문은 사람이 실제 지치게 되는데 일이 0이라는 것이 이상하다고 해서 상하운동을 들고 나선 것이며, 그 답은 의학 내지 생리학의 영역에 있다. 물리학에서는 짊어진 쌀가마가 절대적으로 정지하고 있으면 일을 했다고 하지 않고, 또 실제로 운동을 해야만 그에 대응한 일을 했다고 한다.

사람이 쌀가마를 진 것은 1.5m의 받침에 쌀가마가 얹힌 것과 마찬가지다. 이때 받침이 일을 한다고 할 수 있겠는가? 전혀 하지 않았다.

사람이 지치는 것은 생리적 현상이다. 어깨가 강하게 압박되었을 때 사람의 근육은 크게 긴장한다. 신진대사가 격심해진다. 사람이 가진 화학에너지가 소비되어 열에너지로 변한다. 그 결과 사람은 피로해진다. 피로해지기만 하고 조금도 일을 하지 않았으므로 에너지적으로는 가장 손해 보고 있다. 나중에 허리, 다리가 아프다고 할 바에야 얼른 받침대 위에 얹어 버리면 된다.

물론 이것도 운동의 일종으로 적당한 피로는 오히려 건강에 좋다고 한다면 이야기는 달라진다. 그러나 모처럼 몸에 축적된 화학에너지를 모두 열에너지로 변환시켜 버린다는 것은 제일 졸렬한 방법이다. 즉 같은 에너지 가운데서도 열에너지는 다른 에너지에 비해 악질적이라 할 수 있다.

더 중요한 것

에너지에 대한 일반론으로 되돌아가자. 무에서 에너지를 만들어 내는 허무맹랑한 얘기는 이 세상에 존재하지 않음을 알았다. 그러므로 물리학이란 무엇인가 하는 물음에 대해서는

「물리학이란 에너지 추이를 연구하는 학문이다」

라고 답할 수 있다. 또 공학에 대해서는

「공학이란 어떻게 에너지를 인간에게 유효한 형태로 변환하는가를 고안하는 학문이다」

라고 답한다. 아니 답했다.

답했다고 과거형으로 말한 것은 물리학과 공학이 이런 생각에서 추진된 것은 20세기 전반의 경향이었기 때문이다. 그럼 현재는 어떤가? 물리학 연구에 에너지 이외에 더 중요한 것이 있는가?

에너지 연구는 현시점에서도 물론 중요하다. 지구의 석유자원은 이후 몇십 년 안에 다 소비된다고 한다. 그러므로 인간은 원자핵분열을 실용화하고, 원자핵융합 실험을 추진하고 있다. 이들은 에너지 연구의 대표적인 것이다.

그런데 에너지 이외에도 중요한 것이 있다. 이를 설명하려는 것이 이 책의 목적인데 그것에 대해서는 장을 거듭하면서 얘기할 작정이다.

그렇게 빼지 말고 바로 설명하라고 할지 모른다. 그렇다면 이런 예를 생각해 보면 어떨까?

우리는 음식을 먹는다. 그때 가급적 칼로리가 높은 것이 바람직하다(살이 찌므로 칼로리가 낮은 것이 좋다는 사람도 있겠지만 여기서는 어디까지나 일반론으로 얘기해 가겠다).

그렇다면 칼로리만 많으면 되는가? 전쟁 직후 식량이 부족했을 무렵에는 그랬을지도 모른다. 그러나 현재처럼 식생활이 풍요로워지면 칼로리만을 문제 삼을 수는 없다.

칼로리와는 직접적으로 관계없지만 비타민이라는 중요한 요소를 잊어서는 안 된다. 비타민은 신체 내의 대사를 원활하게 하여 섭취한 영양을 더욱 유효한 형태로 만든다. 그러므로 양적인 의미로는 칼로리가 필요하지만 질적인 견지로는 비타민이 중요하다고 표현할 수 있을지 모른다.

물리학도 공학도 진보하면 할수록 연구 대상이 양적인 의미에서의 다소에서 질적인 다양성으로 바뀐다. 자연과학뿐만 아니라, 예를 들면 사회기구의 복잡화라는 생각에서 봐도 같은 말을 할 수 있지 않을까? 단지 양적으로 비교해 온 것도 세월이 지남에 따라 성질의 차이가 생겨 간단히 많고 적음을 기준으로 추정할 수 없게 된다. 양을 비교하기 전에 질의 좋고 나쁨을 판단할 필요에 부딪친다.

자연계에서는 양적인 의미로 문제가 되는 것은 에너지이다. 그럼 질적인 입장에서 중요시해야 하는 것은 무엇인가? 이것을 알기 쉽게 말하면 「정보」라 부르고, 어렵게 말하면 「엔트로피」라 한다.

II. 에르고드 가설에서

어느 옛날 이야기

옛날 어느 마을에 아주 부지런한 할아버지가 살았다. 아침부터 저녁까지 열심히 일을 하였다. 자기 논밭을 가꿀 뿐만 아니라 마을 길을 고치거나, 깊은 산을 깎아 산길을 만들기도 하며 마을 사람들을 위해 일했다고 한다.

할아버지의 수고에 감탄한 마을 이장은 그 무렵 아주 귀하게 여기던 설탕과 소금을 각각 10부대씩 상으로 보내 부지런한 할아버지의 노고를 치하했다.

그런데 이것을 보고 배가 아파한 것은 이웃에 사는 욕심꾸러기 영감이었다.

「여보시오! 이장님. 나도 마을을 위해 열심히 일을 했어요. 저 산길도, 저 개울에 걸친 다리도 모두 내가 만들었습니다. 나에게도 옆집 영감처럼 설탕과 소금을 상으로 내려야 하지 않습니까?」

산길도 다리도 실은 부지런한 할아버지가 만든 것이다. 욕심꾸러기 영감은 설탕과 소금이 탐이 나서 거짓말을 꾸며 댔다.

「그래요! 그렇다면 영감님에게도 설탕과 소금을 드려야겠군요. 옆집 할아버지에게 드린 만큼 보내 드리면 되겠어요.」

「헤헤, 여부가 있겠습니까. 이장님은 좋은 분이셔.」

욕심꾸러기 영감은 넉살을 부리고 돌아갔다.

이튿날 욕심꾸러기 영감 집에 20부대의 물건이 왔다.

「세상이란 얌전히 굴어 봐야 손해야. 거짓말을 해서라도 얻어먹을 것은 얻어먹어야 해. 그럼 슬슬 열어 볼까.」

영감은 부대에 든 흰 가루를 부었다.

「이게 소금인가, 설탕인가?」

이렇게 중얼거리면서 가루를 손가락에 묻혀 혀로 맛본 욕심꾸러기 영감의 표정은 정말 가관이었다.

「이게 뭐야, 이게 무슨 맛이야.」

참으로 뻔뻔은 얼굴이란 이런 것을 말하리라.

다음 부대를 열어 봐도 마찬가지로 괴상한 맛이 났다. 다음 부대도, 그 다음 부대도 똑같은 맛이 났다.

욕심꾸러기 영감은 이장댁으로 단숨에 달려갔다.

「이장님은 제게 설탕과 소금을 보내 주신다고 하시지 않았습니까. 그런데 별 야릇한 것이 왔습니다. 저는 이장님은 거짓말을 안 하시는 양반이라 믿었는데요.」

욕심꾸러기 영감은 잔뜩 심술이 나서 쏘아 댔다.

「그래요! 제가 뭐 잘못했습니까?」

「그렇구 말구요. 저는 설탕과 소금을 주십사 했는뎁쇼.」

「그래서 설탕과 소금을 섞어서 보내 드렸지요.」

「아니! 그게, 설탕……, 소금……. 농담하지 마…….」

말을 맺지 못한 욕심꾸러기 영감은 그때야 알아차린 듯했다.

「그래요. 설탕과 소금이오. 단지 따로따로 보내 준다고는 하지 않았지요.」

욕심꾸러기 영감은 아무 말도 못 하고 타박타박 집으로 돌아갔다고 한다.

설탕과 우유는 왜 따로따로 나오는가?

그래서 설탕과 우유는 따로 나온다

어처구니없는 이야기지만 아무튼 이장은 거짓말은 하지 않았다. 분명히 설탕과 소금을 보내 줬으니 말이다.

설탕과 소금을 잘 섞어서 한데 넣으면 왜 싫어할까? 섞었기 때문에 설탕이 사카린으로 둔갑한 것도 아니다. 설탕은 어떤 상태에서도(정확하게 말하면 설탕으로서의 분자가 변하지 않는 한) 어디까지나 설탕이다. 그렇다면 결국 섞는 것이 나쁘고, 거꾸로 말하면 분리된 상태가 좋다는 것이 된다.

설탕과 소금을 반씩 섞으면 조미료로서는 거의 쓸모가 없다. 그러므로 혼합한 것이 잘못이지만 이것이 혼합을 싫어하는 본질적인 이유는 아니다. 분리된 상태로 얻으면 분리된 것을 따로따로 쓸 수 있고, 혼합한 상태로도 쓸 수 있는 데 비해, 혼합된 것은 혼합된 대로밖에 쓸 수 없다. 바꿔 말하면 분리된 것을 혼합하는 것은 쉽지만, 일단 혼합된 것을 다시 나누기는 어렵기 때문에 우리는 분리된 쪽을 더 좋아한다.

커피숍에서 커피를 주문하면 설탕과 우유가 따로 나오는 것은 이 때문이다. 흰 바둑알과 검은 바둑알을 따로 놓아도 어린 아이들은 금방 장난쳐서 섞어 버린다. 나중에 어른이 열심히 나눠서 제 그릇에 넣어야 한다.

바둑알은 나눠 놓기 쉽다. 흰 알이든 검은 알이든 손가락으로 집을 수 있기 때문에 하나하나 집어 나눠 놓을 수 있다. 그런데 액체와 기체라면 손을 쓰지 못한다.

1 ℓ짜리 칸이 둘 있는 그릇이 있다고 하자. 한 칸에는 0℃인 물이, 다른 칸에는 100℃인 뜨거운 물이 들어 있다고 하자. 두 칸을 가른 칸막이 벽을 들어낼 수 있고, 열이 밖으로 달아나지

62

않게 만들어졌다면 금방 50℃인 물 2ℓ가 만들어진다.

　그런데 처음부터 50℃인 물 2ℓ가 있다면 어떻게 될까? 왼쪽에 0℃, 오른쪽에 100℃로 나눠질까? 천만의 말씀이다. 50℃인 것은 이 이상 변하지 않는다.

　이렇게 섞는 것은 쉽고 나누는 것은 어렵다. 아니, 불가능하다. 예를 들자면 한이 없다.

액체가 입자로 보이는 세계로

　「바둑알은 하나, 둘 셀 수 있는 알인데 물은 그런 물질이 아니지 않은가?」라고 할지 모른다. 그러나 이른바 물질이라 불리는 것은 최종적으로는 분자, 또는 원자로 구성되었다. 액체와 기체가 혼합된다는 현상은 분자가 섞인다는 것이다. 이런 뜻에서는 흑백 바둑알이 섞이는 것과 본질적으로는 변함이 없다. 바둑알은 손가락으로 집을 수 있는데 분자는 너무 작아서 그럴 수 없을 뿐이다.

　바둑알은 놓인 대로라면(개구쟁이가 장난치지 않는다면) 백은 백대로, 흑은 흑만이 쌓인다. 그런데 분자는 24시간 운동한다. 단순한 고체인 경우에는 구성 요소인 원자는 심한 진동으로 이리 휘청, 저리 휘청거리면서도 멀리 가지는 못한다. 그러므로 금괴 위에 은괴를 얹어 놓아도 상당한 고온이 아니고서는 둘이 혼합되는 현상은 일어나지 않는다.

　그런데 액체와 기체 분자는 한곳에 정착하지 않는다. 이리저리 제멋대로 움직인다. 그래서 물에 잉크를 섞을 때도, 산소와 질소를 혼합할 때도 누구의 힘을 빌릴 필요가 없다. 저절로 섞인다.

설탕과 소금은 되로 잴 수 있는 물질이지만, 어쨌든 고체이
다. 그래서 혼합시키려면 손으로 잘 휘저어야 한다. 액체와 기
체처럼 분자 크기로 뒤섞이는 것이 아니라 작은 덩어리(1㎜에
서 그 100분의 1 정도)로 섞인다. 「섞인다」는 것은 앞으로 나
오는 얘기에서 아주 중요한 현상인데, 앞으로는 모두 분자 정
도 크기의 입자로 생각하기로 한다. 물질이 분자와 원자로 구
성되었다 보고 이 입자들의 성질을 바탕으로 하여 자연현상을
설명하는 것을 미시적 물리학이라 하고, 이에 반해 물은 어디
까지나 유체로 보고 최종적인 입자까지 생각하지 않는 것과 같
은 방식을 거시적 물리학이라 부른다.

「0℃와 100℃의 물이 섞여 50℃의 물이 된다」는 현상적 기
술밖에 못 하는 것이 거시적 입장이며, 「실은 두 종류의 분자
가 뒤섞여…」 하는 것은 이미 미시적 영역까지 들어간 것이다.

고전물리학은 모두 거시적 입장에서 자연현상을 보아 왔는데
분자, 원자가 발견되자 미시적 물리학이 급속히 발달했다. 미시
적 물리학의 주역인 분자, 원자는 보통 아주 불규칙한 운동을
한다. 만일 이 입자들의 운동을 마음대로 조정할 수 있는 것이
있다면 그것은 맥스웰의 도깨비뿐이다.

원숭이가 나무에서 떨어지는 것은

물에 한 방울 붉은 잉크를 떨어뜨린다. 처음에는 붉은 구슬
같이 되었다가 나뭇가지처럼 퍼진다. 그 나뭇가지 모양이 점점
흐릿해지고 굵어져 시간이 지나면 그릇 전체가 분홍색이 된다.
이런 현상을 확산이라 한다. 「섞는다」는 것의 전형적인 예이다.

그렇다면 왜 섞이는가?

「왜 섞이냐니, 물과 잉크는 섞이는 것이 당연하지. 섞이지 않는다면 그건 특수 잉크겠지」한다면 얘기가 안 된다. 2층에서 뛰어내리면 왜 땅에 떨어지는가 하고 물으면 떨어지는 것이 당연하고 떨어지지 않는 것은 유령이라고 대답하는 것과 마찬가지다.

「당연하다」고 대답하는 것도 답의 하나이겠다. 경험을 믿고 경험하지 못한 일은 배제하려는 생각도 어쨌든 지혜의 하나일 수 있다. 그러나 과학 연구에서는 경험 자체도 문제 대상으로 제기된다.

물체가 낙하하는 것은 만유인력 탓이다. 지구가 물체를 끌어당기기 때문이다. 이것을 다르게 표현할 수도 있다. 물체는 높은 곳에 있을수록 위치에너지가 크다. 그리고 받치는 것이 없으면 물체는 위치에너지가 작아지는 방향으로 움직인다. 이 사실은 자연현상에 대해서 모두 그렇다고 말할 수 있다.

플러스 전기를 띤 구슬과 마이너스 전기를 띤 구슬은 가까이 대면 댈수록 위치에너지(이때는 정전에너지라고 하기도 한다)가 감소한다. 그러므로 플러스와 마이너스는 붙으려 한다. 플러스 전기끼리는 가까울수록 에너지가 높아진다. 그래서 같은 종류의 전기는 반발한다.

원숭이가 나무에서 떨어지는 것은 아래로 힘이 작용하기 때문이라 해도 되고, 나무 위보다 땅이 에너지가 낮기 때문이라 해도 상관없다. 위치에너지가 크고 작은 데 따라 이렇게 자연계의 움직임이 총괄적으로 설명된다.

그럼 물에 잉크가 섞이는 것도 물 분자와 잉크 분자가 접근하면 분자 간 에너지가 감소하기 때문인가? 물과 잉크가 서로 끌어당기는 탓인가? 반드시 그렇지는 않다. 일반적으로 분자와 분자 사이에는 인력이 작용하는데 물끼리도 인력이 있고, 물과 잉크가 특별히 붙으려 한다고는 생각되지 않는다. 분자 간 에너지는 복잡하고 그것이 큰지 작은지 한마디로 말할 수 없는데, 아무튼 에너지를 줄이기 위해 섞인다는 생각은 옳지 않다. 다소 그런 경향이 있다고 해도 그것이 확산현상을 설명할 만큼 유효하지는 않다.

요컨대 「섞인다」는 현상은 지금까지 해 온 얘기처럼

「자연계는 위치에너지를 감소시키는 방향으로 이동한다」

는 법칙을 가지고는 해결이 되지 않는다.

구슬의 행방

물 분자와 잉크 분자는 매우 다르지만 얘기를 간단하게 하기 위해 물 분자를 흰 구슬, 잉크 분자를 같은 크기의 붉은 구슬에 비유하자.

외국에서는 흔히 볼 수 있는데, 팔각형 상자 속에 구슬을 넣고 손잡이를 한 바퀴 돌리면 구슬이 나온다. 붉은 구슬이면 5등으로 성냥, 녹색이면 4등으로 6개들이 비누를 탄다. 누구나 1등인 흰 구슬이 나오기를 바라지만 마음대로 안 되어 성냥만 20갑 안고 돌아간다.

1등 구슬도 들어 있을 텐데(들어 있지 않으면 사기이다) 그것이 나오는 사람은 상당히 운이 좋아야 한다. 손잡이를 돌리는 사람의 마음과 욕심과는 전혀 관계없이 구슬이 나온다.

만일 속임수로 몇 번째인가에 1등이 나온다 해도 자기가 그

차례에 돌리지 않으면 허탕이다. 순번에 관계없이 자기 차례에만 1등이 나오게 하기 위해서는 구슬이 나오는 구멍에 생각하는 도깨비가 지키고 있어야 한다. 그런 도깨비가 있을 리 없지만 1㎝밖에 안 되는 구슬을 고르는 도깨비를 생각하는 것은 그다지 어렵지 않다. 구슬이 아니라 분자처럼 작은 입자를 이렇게 조작할 수 있는 것이 맥스웰의 도깨비이다.

도깨비 이야기는 잠시 제쳐 두고 보통 구슬에 대해 좀 더 생각해 보자. 꼭 팔각형 상자가 아니라도 좋다. 간단한 육면체 상자를 생각하자. 왼쪽 반에 흰 구슬 100개를, 오른쪽 반에 붉은 구슬 100개를 넣었다고 하자. 상자 속에 칸막이는 없지만 가만히 두면 구슬은 움직이지 않으므로 왼쪽은 희고, 오른쪽은 붉게 보인다. 붉은 잉크를 물에 떨어뜨린 순간이 이런 상태이다. 그릇이 유리로 되었다면 옆에서도 잘 보인다.

다음으로 그릇을 잘 흔든다. 구슬이 잘 섞이도록 그릇 안에는 여유를 둔다(만일 구슬이 꽉 차 있으면 흔들어도 움직이지 않으며 이것은 고체 모형과 같아진다). 잘 흔들어 주면 그릇 왼쪽이든 오른쪽이든, 구석이든 가운데든 붉은 구슬과 흰 구슬이 반반이 될 것이다. 이것이 완전히 섞인 상태이다.

혼합현상을 설명하기 위해 구슬을 예로 든 것은 구슬로 하면 하나, 둘 셀 수 있기 때문이다. 섞인다거나 안 섞인다고 입으로만 말해서는 정확하게 나타내지 못한다. 그래서 섞인다는 현상을 설명하는 데도 수학적 입증이 필요하다. 물론 물리학은 이러한 양적인 검토를 바탕으로 한다.

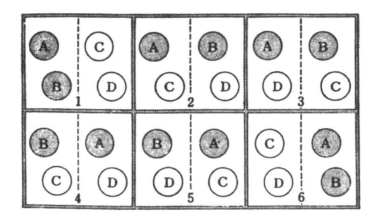

〈그림 2-1〉붉은 구슬과 흰 구슬이 섞이는 방식. 여섯 가지이다

혼합의 수학적 입증

100개는 너무 많아서 계산이 까다로우니 딱 잘라 붉은 구슬 2개, 흰 구슬 2개로 줄이고 왜 반반으로 섞이는가를 계산하자.

A와 B를 붉은 구슬, C와 D를 흰 구슬이라 하자. 언제나 그릇 왼쪽에 2개, 오른쪽에도 2개씩 들어 있다. 그릇을 흔들면 (또는 구슬이 제멋대로 구르면) 구슬은 오른쪽으로 들어가거나 왼쪽으로 들어간다. 바꿔 말하면 가령 구슬 A만 봤을 때, A가 왼쪽에 있을 때와 오른쪽에 들어갈 가능성은 꼭 반반이다. 단지 틀림없이 말할 수 있는 것은 항상 2개의 구슬이 왼쪽, 다른 2개가 오른쪽이라는 것이다. 이런 일을 생각하여 A, B, C, D가 어떤 조합으로 좌우로 나뉘는가를 그려 보면 〈그림 2-1〉처럼 여섯 가지(번호 1~6)가 된다.

물체가 섞이는 현상을 설명할 경우 서서히 혼합되어 가는 「과정」을 나타내려면 정말 어렵다. 여기서 일단 분리한 상태와 섞인 상태를 들어 이 두 가지를 비교해 보자.

구슬과 구슬 사이에는 인력과 반발력도 아예 없다고 하자. 이때 1번부터 6번까지의 여섯 가지 경우 가운데 어떤 것이 제일 일어나기 쉽고, 몇 번째가 제일 일어나기 어려운가 하는 것은 모른다. 일어나기 쉬운가 어려운가를 판단할 근거는 아무것도 없다. 그러므로 여섯 가지 경우는 전적으로 같은 가능성을 갖고 실현된다고 가정한다.

에르고드 가설

이렇게 생각할 수 있는 모든 상태가 가진 에너지에 대소가 없다면(가령 그림의 첫째 경우 에너지는 크고, 두 번째 경우는 작다는 등의 일이 없다면) 이들 모든 상태는 같은 빈도로 일어날 수 있다는 가정을 에르고드 가설이라 한다. 구슬을 분자라 하고 그 개수가 아주 많을 때는 A 분자가 오른쪽으로 들어간다든가 B 분자가 왼쪽에 있다든가 하는, 어쨌든 자그마한 차이를 모두 다른 상태라고 간주하면 다른 상태의 수는 막대하다. 이렇게 조금이라도 다른 경우를 전부 고려했을 때 상태가 몇 가지 있는가 하는 수를 수학에서는 「경우의 수」라든가 「조합 방법(수)」이라고 부른다. 그리고 이런 모든 경우가 공평하게 실현된다는 가정이 통계역학에서 말하는 에르고드 가설이다.

「에르고드」는 그다지 귀에 익지 않은 단어인데 그리스어의 「에르그」(일)와 「오도스」(길)를 붙여 만든 말이다.

좀 더 정확하게 말해 보자. 많은 입자를 포함하는 체계가 미시적인 뜻에서 차례로 다른 상태로 변해 갈 때(입자 위치의 차이, 속도의 차이, 길쭉한 분자라면 방향의 차이…… 등 구별할 수 있는 것은 모두 다른 상태라고 한다) 체계가 어떤 상태이든 어차피 도달된다(정확하게 말하면 장시간이 지나면 체계는 이것저것 멋대로 지정한 상태에 한없이 접근한다)고 생각하여 이것을 에르고드 가설이라 한다.

상당히 까다로운 표현인데, 요컨대 〈그림 2-1〉 같이 여섯 가지 상태가 있으면 그것들이 전적으로 동등한 권리를 가지고 실현된다는 주장이다.

이 가설에 따르면 용기의 왼쪽이 붉고 오른쪽이 하얗게 되는 것은 그림의 첫 번째, 거꾸로 왼쪽이 희고 오른쪽이 빨갛게 되는 것은 그림의 여섯 번째, 적과 백이 섞인 상태는 두 번째에서 다섯 번째까지의 네 가지이다. 따라서 「혼합」은 「분리」의 4배의 빈도로 일어나기 쉽다고 결론지어도 된다. 600번 측정해 보면 그 가운데 400번 전후는 섞이게 된다. 또 연속적으로 1시간 관측하면 연달아 40분 정도는 혼합 상태를 볼 수 있다.

차츰 얘기해 갈 통계역학이란 에르고드 가설을 바탕으로 성립된다. 이 가설에서 출발한 이론으로 가까스로 자연계 현상이 설명될 것 같다. 따라서 다음 이야기는 모두 에르고드 가설에 따라 진행하겠다.

그러나 가설은 어디까지나 가설이며 자명한 이치라고 생각해서는 안 된다. 만일 에르고드 가설이 깨진다면 현재의 통계역학은 도로아미타불이 돼 버릴 것이다.

이렇게 말하면 통계역학이 아주 믿음직하지 못한 학문같이 들리는데, 통계역학이 자연현상 해명에 큰 성과를 올렸던 것도 사실이다. 의심해 보는 것은 필요한 일이지만 의심 때문에 앞으로 나아가지 못한다면 학문을 위해서 마이너스가 될 뿐이다.

핑크, 핑크, 핑크

구슬이 붉은색 2개, 흰색 2개로서 수가 적을 때는 그래도 여섯 번에 한 번 꼴로 왼쪽이 적, 오른쪽이 백이 된다. 이것을 확률로 나타내면 왼쪽이 적, 오른쪽이 백이 되는 확률은 6분의 1, 왼쪽이 백, 오른쪽이 적이 되는 확률도 마찬가지로 6분의 1, 전체가 핑크색(즉 좌우가 적, 백 균등)이 되는 확률이 3분의 2이다. 그러나 구슬의 수가 많아지면 적끼리, 백끼리 완전히 분리될 확률은 아주 작고, 고르게 핑크색이 될 확률은 압도적으로 1에 가까워진다.

예를 들면 적 4, 백 4일 때는 용기의 좌측 반에 대해 말하면

   ① 4개 모두 적   1
   ② 적 3, 백 1   16
   ③ 적 2, 백 2   36
   ④ 적 1, 백 3   16
   ⑤ 4개 모두 백1   1

의 다섯 경우를 생각해야 하는데 각각의 경우에 몇 가지 방식이 있는가는 ①과 ⑤에서는 같고, ②와 ④도 같다는 것을 곧 알게 된다.

계산해 보면 ①과 ⑤는 모두 한 가지(붉은 구슬이 전부 좌로 오거나 흰 구슬이 전부 좌로 오기 때문에), ②와 ④는 각각 16가지(붉은 구슬에 관해서는 네 가지, 그 하나하나의 경우에 대해 흰 구슬이 네 가지. 〈그림 2-2〉 참조), ③은 36가지(붉은 구슬 여섯 가지의 각각에 대해 흰 구슬 여섯 가지)이다. 여기에서 좌우 균일한 ③의 경우가 제일 많이 일어난다.

① 1, 2, 3, 1′   ⑦ 1, 3, 4, 2′   ⑬ 1, 2, 3, 4′
② 1, 2, 4, 1′   ⑧ 2, 3, 4, 2′   ⑭ 1, 2, 4, 4′
③ 1, 3, 4, 1′   ⑨ 1, 2, 3, 3′   ⑮ 1, 3, 4, 4′
④ 2, 3, 4, 1′   ⑩ 1, 2, 4, 3′   ⑯ 2, 3, 4, 4′
⑤ 1, 2, 3, 2′   ⑪ 1, 3, 4, 3′
⑥ 1, 2, 4, 2′   ⑫ 2, 3, 4, 3′

〈그림 2-2〉 붉은 구슬과 흰 구슬이 나눠지는 방식의 일례. ②의 경우
붉은 구슬을 1~4, 흰 구슬을 1′~4′로 한다

적과 백의 개수를 같게 하고 구슬 수도 늘려 가면 좌우 균등
한 경우는 그 밖의 상태에 비해 훨씬 많아진다. 그러므로 좌우
균등(고르게 핑크색)하게 되는 경우만 몇 가지 있는가를 세어

보자. 완전 분리 상태는 아무리 구슬 수가 많아져도 한 가지밖에 없다.

(구슬 수)	(좌우 균등 조합 수)
적 6, 백 6	400가지
적 8, 백 8	4,900가지
적 10, 백 10	63,504가지
적 100, 백 100	대략 10^{60}가지
적 1,000, 백 1,000	대략 10^{600}가지
적 10,000, 백 10,000	대략 10^{6000}가지
…………	…………

10^4를 10,000, 10^8를 1억, 10^{12}를 조, 10^{16}을 경(京), 10^{20}을 해(垓)⋯⋯라 하며 가장 큰 수로서는 10^{88}를 무량대수(無量大數)라 부르는데 붉은 구슬과 흰 구슬이 각각 백수십 개일 때 균일하게 섞이는 가능성은 완전히 분리하는 경우에 비해 무량대수 배나 많다.

100개의 붉은 구슬과 100개의 흰 구슬이 자유롭게 용기 속에서 움직이는 것을 관찰한다고 하자. 만일 완전히 적백이 좌우로 분리한 상태가 되는 시간이 1초였다고 하면 좌우 균일 상태를 관측한 시간은 대략

$$10^{60}초 = 3 \times 10^{56}시간 = 10^{55}일 = 3 \times 10^{52}년$$

이 되어 지구 나이인 수십억 년(10^8년의 몇 배)의 10^{44}배쯤 된다. 그러므로 가령 지구 탄생과 더불어 이 용기를 계속 관측한 사람이 있었다고 해도 이 사람이 붉은 구슬과 흰 구슬이 완전히 분리된 상태를 볼 수 있는 것은 1초보다도 훨씬 더 짧은 일

순간(거의 무에 가까운 시간)이다.

둥근 구슬이 공간을 달린다

물에 잉크가 섞이면 엄청난 수의 물 분자와 잉크 분자가 혼합된다. 수가 많을 뿐만 아니라 분자는 단순한 구슬과 달라 갖가지 복잡한 문제를 내포하고 있다.

① 물 분자와 잉크 분자는 같은 크기가 아니다.

② 분자는 복잡한 형태이며 둥근 구슬이 아니다.

③ 분자 사이에는 인력이 작용한다. 즉 마이너스의 에너지가 존재한다. 그러므로 수많은 상태가 같은 빈도로 일어나지 않는다.

④ 같은 물 분자는 분자 A라든가 분자 B라고 구별이 되지 않는다. 분자는 전혀 개성이 없다.

이런 상태이므로 단순한 붉은 구슬, 흰 구슬인 경우와는 상당히 양상이 다른데, 조건을 적당히 갖춰 주면 앞의 계산법을 교묘히 이용할 수 있다.

①처럼 A분자보다 B분자 쪽이 클 때 고체와 액체에서는 당연히 B분자 쪽이 큰 공간을 차지하게 되는데 그것을 생각하고 계산해 보겠다.

기체에서는 분자 자체의 크기는 그다지 문제가 되지 않는다. 온도와 압력이 일정하면 같은 수(예를 들면 10^{23}개와 같은 방대한 수)의 분자가 차지하는 부피는 분자 종류에 관계없이 거의 같다고 생각해도 된다.

② 헬륨이나 아르곤 같은 분자(이들은 원자가 그대로 분자이다)는 구슬처럼 생각해도 되는데(정확하게 말하면 구대칭, **球對**

稱) H_2, O_2, N_2…… 등은 길쭉하다. 그러나 이들이 기체일 때는 길쭉하다는 것이 그다지 문제가 안 된다. 둥근 구슬이 공간을 달린다고 간주하여 계산해도 상관없다.

자석의 성질을 갖는 분자와 원자의 경우 막대자석 방향이 어디를 향하는가가 극히 중요해진다. 그때에는 자석(정확하게는 자기 모멘트)의 방향, 그 방향의 차이도 미시적인 상태의 차이로「조합수」계산에 끼워 넣어야 한다.

분자와 원자가 전기적 모멘트(분자 내의 양전하와 음전하의 위치가 어긋난 것)를 갖는 경우도 얘기가 달라진다. 특히 고체와 액체인 경우에는 입자 방향이 중요시되는 일이 많다.

③ 고체와 액체 연구에는 분자 간의 힘(또는 에너지)은 당연히 고려되어야 한다. 인력 덕분에 분자와 원자가 모여 고체가 되기 때문이다.

기체인 경우는 분자 간 거리가 대단히 크기 때문에 분자끼리의 상호작용은 작아진다. 기체의 기본적 성질만 조사한다면 상호작용이 없다고 생각해도 지장이 없다.

④ 분자와 원자(또 전자와 양성자, 중성자, 중간자 또는 광자 등)에 개성이 없다는 것은 이 세상에 존재하는 극미 입자(더 이상 나눌 수 없는 입자를 소립자라고 한다)와 보통 구슬(이것을 고전적 입자라 한다)의 본질적 차이이다.

입자에 A든 B든 이름을 붙일 수 없다면 당연히 셈하는 방법이 달라진다. 이에 대해서는 나중에 양자통계에서 다시 얘기하겠지만 보통 분자 정도의 크기에서는(전자처럼 가벼운 것은 고전 입자로 간주하는 것이 절대 불가능한데) 보통 구슬처럼 생각하여 계산해도 그다지 모순이 없다. 얘기를 쉽게 하기 위해

잠시 분자를 고전 입자로 보고 얘기해 나가겠다.

이렇게 생각해 보면 기체 연구에서는 분자를 단순한 구슬로 생각하고 앞에서 한 계산법을 그대로 답습하는 것이 가능하다. 열역학이라든가 통계역학 같은 학문에서 먼저 기체 연구부터 시작하는 이유도 이런 데 있다.

난무하는 입자

붉은 구슬과 흰 구슬을 들고 나온 이유도 결국 분자와 원자로 만들어진 갖가지 물질을 연구하고 싶었기 때문이다.

구슬은 물론 분자이다. 그런데 보통 물질(우리가 눈으로 볼 수 있거나, 손바닥에 얹을 수 있을 만한 물질, 즉 거시적인 체계)에서는 분자 수가 대단히 많다. 앞에서는 4개, 또는 10개, 100개, 1,000개……를 예로 들었는데 분자 수효는 그렇게 쩨쩨하지 않다.

기체는 1㎤ 속에 1조의 2000만 배 이상 분자가 있다. 가령 지금 지구상에 사는 인간 전부가 3억 원 강도(일본에 이런 사건이 있는데 아직도 체포되지 않았다)가 되었다고 치자. 그리고 모두 그 3억 원을 1원짜리 동전으로 바꿨다고 가정했을 때, 전 지구의 1원짜리 동전 수가 1㎤ 내의 공기 분자의 몇분의 1에 대응하게 된다. 3억 원을 1원짜리로 쳤을 때 얼마나 많은 양이 되는지 짐작조차 가지 않는데 하물며 지구상이 1원짜리로 넘치는 모습은 상상하기 어렵다.

분자가 섞인다는 것은 이렇게 많은 수의 구슬이 관계된다. 100개 정도의 구슬에서도 혼합이 분리보다 훨씬 일어나기 쉬운데, 이렇게 많은 입자를 소재로 하여 완전히 나눠지는 경우와 뒤섞이는 상태를 비교해 보면 후자 쪽이 얼마나 큰 확률로 나타나는지 짐작도 안 간다. 늦고 빠른 차가 있더라도 현실적으로 기체는 반드시 섞여 버린다고 생각해도 된다.

두 가지 얘기를 기둥으로 하여

1장에서 얘기한 것은 에너지 보존법칙이다. 2장에서는 물질은 섞인다는 현상을 설명했다. 이 두 가지를 마치 관계없는 다른 화제처럼 생각할지 모른다. 그러나 다소 극단적으로 말하면 자연계 현상은 이 두 가지 법칙을 기둥으로 하여 진행된다고 생각해도 된다.

에너지 보존법칙은 자연과학의 기본법칙이다. 열적 현상과 역학적 연구를 일괄하여 그 사이의 에너지 보존성을 주장한 것을 열역학 제1법칙이라 한다. 이에 비해 분리 상태는 결국은 혼합이라는 결과가 되는 것이 열역학 제2법칙이다.

제2법칙은 단순히 물속에 잉크가 퍼지는 확산현상뿐만 아니라 용액 문제는 물론, 고체의 갖가지 현상, 예컨대 전류, 자기적 성질, 열전도에서 일렉트로닉스에 이르기까지 직접 또는 간접적으로 이들을 지배한다. 그뿐만 아니라 지구상에서 왜 식물과 동물이 성장하는가, 어린이가 어른이 되는 메커니즘의 본질은 어디에 있는가도 제2법칙으로 설명되어야 한다.

제1법칙은 불변성을 주장하므로 그만큼 이해가 쉽다. 이에 비해 제2법칙은 자연계 현상의 이동 방향을 지정하므로 이해하기 어려운 점이 많다. 확률론에서 쓰는 「조합수」를 세는 방식이 그 바탕이 된다.

그러나 제2법칙에는 아직 모르는 부분이 남아 있다. 제1법칙

을 지지하는 만큼 적극적으로 제2법칙을 인정하기에는 다소 주
저함이 남는다. 이 애매한 영역에서 태어난 난쟁이가 맥스웰의
도깨비이다.

　아무튼 제2법칙은 천하의 추세가 어디를 향하는가의 행방을
나타낸다. 그리고 맥스웰의 도깨비들은 이 추세에 맞서, 때로는
대세를 역전시키려 하는 집단 같은 모습으로 통계역학을 생각
하는 사람들의 머릿속에 나타나기도 한다.

Ⅲ. 확률에서 물리법칙으로

난로 위에서 주전자가 얼어붙는다

과학에 「진스의 기적」이라는 것이 있다. 진스는 원래 수학자이면서 물리학, 천문학, 화학 등 갖가지 분야에 재능을 나타낸 영국의 제임스 H. 진스 경을 가리킨다. 그에 의하면 시뻘겋게 달아오른 난로 위에서 주전자 물이 끓기는커녕 반대로 어는 일도 있을 수 있다고 한다. 그런 일은 있을 수 없다고 우리 평범한 사람들은 생각한다. 탁자 위에 놓인 커피는 그냥 두면 식을 수는 있어도, 거꾸로 주위의 열을 빼앗아 저절로 끓는 일은 매일 커피를 마셔 와서 알겠지만 있을 수 없다. 아니, 인류 역사에 그런 기록이 없다.

주전자의 예는 결국 돌이 낙하하는 경우처럼 생각할 수 있다. 10m의 지붕 위에서 돌이 떨어지면 땅 위에서 조금 떼굴떼굴 구르다가 멎는다. 돌의 위치에너지는 감소한다. 그 몫은 어디로 갔는가?

물리학에 따른다면 지면과 돌이 다소 뜨거워졌을 것이다. 그러나 발생하는 열량이 너무 작기 때문에 그런 열은 금방 발산되며 그 근방을 걸었더니 발바닥이 뜨거워졌다는 일은 없다.

그렇다지만 아무튼 위치에너지가 열에너지로 변하였음에는 틀림없다. 그러면 지상에 떨어진 돌이 부근의 열을 모아 탁 하고 10m나 튀어 오르는 일은 없을까?

만일 이 세상에 열역학 제1법칙(에너지 보존법칙)밖에 없다면 길바닥의 돌멩이가 저절로 튕기기도 할 것이다. 또 난로 위의 주전자 물이 얼고, 탁자 위의 식은 커피가 다시 끓기도 할 것이다.

튀어 오르는 것은 돌뿐만이 아니다. 거리를 달리는 자동차도

진스의 기적

길 가는 사람도 숲속 다람쥐도, 주위의 땅 또는 공기로부터 충분한 열에너지를 얻어 하늘 높이 튀어 올라도 에너지 보존법칙에는 모순이 없다.

그들이 주위에서 열을 얻는 것은 더운 날만이 아니다. 30℃가 되는 날이라면 자기 주위를 25℃ 정도로, -40℃라면 -45℃로 식히기만 하면 된다. 아무튼 이런 일이 실제로 일어난다면 야단이 난다. 자칫 잘못하면 집 밖으로 나가지 못한다. 기껏 천장이 낮은 집에 살면서 위로 떨어져도(?) 크게 다치지 않도록 24시간 주의를 게을리할 수 없다.

또 가스레인지에 얹은 주전자 물이 다음에 끓을지, 아니면 얼지 모른다면 가정주부는 야단이 난다.

그러나 이런 얼토당토않은 일은 현실 세상에서는 일어나지 않는다. 그리고 자연과학은 실제 현상을 충실하게 기술한다. 그렇다면 에너지 보존법칙(열역학 제1법칙)으로는 이 세상 법도를 설명하기에는 아직 불충분하다. 이리하여 자동차는 저절로 튀어 오르지 않는다는 사실, 또는 탁자 위의 차가워진 커피가 저절로 다시 뜨거워지지 않는다는 것을 법칙화한 것, 즉 열역학 제2법칙이 필요해진다.

돌멩이가 저절로 튀어 오르지 않는 것이 왜 제2법칙인가?

열역학 제2법칙이란 분자가 혼합하는 것이었다. 돌과 자동차가 튀어 오르지 않는 것과 물질이 섞이는 것은 무슨 관계가 있는가?

여기서 으레 열 또는 물체의 온도가 높다는 것은 결국 어떤 것인가가 문제 된다. 기체인 경우는 분자가 공간을 빨리 달릴

수록 따뜻하게 또는 덥게 느껴진다. 액체와 고체는 분자 또는 원자가 좁은 영역에서(이웃 분자나 원자가 가로막기 때문에) 격심하게 진동할수록 고온이 된다. 이때 중요한 것은 분자나 원자가 제멋대로 제각기 운동한다는 것이다. 모두 마음 내키는 대로 운동하지 않으면 온도가 높다거나 또는 다량의 열을 가졌다고 말할 수 없게 된다.

가령 기체 분자 전체가 같은 방향으로 달리면 바람이 된다. 하지만 강풍이 부는 날이라도 바람과 역방향으로 달리는 분자는 얼마든지 있다. 바람 방향으로 달리는 공기 분자가 많을 따름이다. 고체와 액체 분자(또는 원자)들도 전부 좌, 우, 좌, 우… 따위로 진동하는 일은 절대 없다.

앞에서 용기 속 분자는 전부 오른쪽에 몰리는 경우보다도 용기 속에 고르게 산재하는 편이 더욱더 가능성이 크다는 계산을 했었다. 오른쪽으로 몰린다는 것은 각각 위치가 잡힌다는 것이다. 위치가 흐트러지면 모두 제멋대로 가므로 그 결과 용기 안의 어느 부분에나 균등하게 분자가 존재하게 되는 결과가 된다.

이러한 제멋대로라는 것은 분자 위치만이 아니라 그 속도에 대해서도 그렇다. 모두 나란히 우로 달린다는 것은 지극히 일어나기 어려운 현상이다. 우로도 좌로도, 앞으로도 뒤로도, 위로도 아래로도, 아예 제멋대로 움직이는 편이 훨씬 큰 확률을 갖고 있다.

이런 까닭으로 열적 에너지란 같은 에너지 가운데서도 실현 가능성이 큰 상태라고 하겠다.

에너지의 양부

돌이 낙하한다. 이때 돌을 구성하는 모든 원자는 아래쪽으로 같은 속도로 달린다. 쿵 하고 땅에 떨어진다. 이 순간 원자끼리 부딪쳐 지면의 원자도 격심하게 진동한다. 낙하 도중에 돌 원자가 가지고 있던 전 운동에너지와, 충돌 후에 돌과 그 부근 지면에 있던 원자가 얻은 운동에너지는 같다. 이것이 1장에서 얘기한 에너지 보존법칙이다.

에너지는 같아도 진동하는 원자가 운동하는 방향은 제멋대로 되어 버렸다. 가지런한 것이 제멋대로 흐트러지기는 쉽다. 흐트러진 것이 다시 가지런히 배열되는 것은 상당한 우연이라는 것이 2장의 결론이었다. 즉 이것이 열역학 제2법칙이다. 그렇기 때문에 돌이 떨어져 열에너지로 변하는 것은 조금도 이상하지 않은데, 거꾸로 주위의 열을 흡수하여 돌이든 강아지든 오토바이든 하늘 높이 뛰어오른다(즉 분자의 운동 방향이 위쪽으로 정렬한다)는 것은 생각할 수 없다. 정확하게 말하면 아주아주 확률이 작다는 것이다.

설탕과 소금이 섞인 것보다 나눠진 대로 얻는 편이 훨씬 만족스럽다. 이런 이유로 위치에너지와 열에너지를 비교하면 값이 같아도 위치에너지 쪽이 덕을 보게 된다.

영국 물리학자 줄(1818~1889)은 1843년에 물체를 낙하시켜 그 힘으로 물속에서 날개를 돌리면 물이 약간 데워진다는 실험을 하였다. 위치에너지, 운동에너지 또는 일과 같은 역학적인 에너지는 줄이라는 단위로 나타내고 열에너지는 칼로리라는 단위로 나타내었는데, 둘 사이가

1 칼로리 = 4.186 줄

이라는 비례관계인 것을 발견하였다.

그러나 이것만으로는 열역학 제1법칙에 지나지 않는다. 이 이상 우리가 알게 된 것은 열보다도 역학적 에너지 쪽이 양질(良質)이라는 것이다.

커피는 왜 식는가

찻잔에 든 커피는 왜 식는가? 식지 않더라도 왜 온도가 그대로 지속되지 않는가? 또는 왜 식는 것과 반대로 더 뜨거워지지 않는가?

여기까지 말하면 현명한 독자는 벌써 답을 알았을 것이다.

뜨거운 물과 찬물이 인접해 있다고 하자. 뜨거운 물만을 주목하면 분자는 어디서든지 극히 격렬하게 제멋대로 운동한다. 그러나 인접한 찬물까지 포함해서 생각하면, 한편은 격심한 제멋대로의 운동을 하며, 한편은 이에 비해 얌전하고, 따라서 덜 제멋대로인 상태가 실현된다. 이미 알다시피 자연계의 현실은 이것을 평준화하는 것이 천하의 추세이다.

인접한 것이 물 대신 공기라고 생각해 보자. 이때는 온도가 다른 물을 생각하는 것처럼 명확하지는 않지만, 점차 주위의 공기 분자도 다소 격심한 제멋대로의 운동을 시작하여 데워지고 에너지를 분산시킨 뜨거운 물 분자는 차츰 얌전해진다.

이리하여 고온에서 저온으로 열이 이동한다는 천하의 추세가 실은 우리 문명사회의 방향을 결정하는 중요한 문제가 된다.

온도 0℃의 물 1ℓ와 100℃의 뜨거운 물 1ℓ가 따로따로 있다. 한편 50℃의 뜨듯한 물이 2ℓ 있다. 어느 쪽이 득인가?

100℃의 뜨거운 물에서는 액체 분자가 총체적으로 빨리 진

동한다. 0℃의 물에서는 느리다. 둘이 혼합된 것이 50℃의 뜨듯한 물이다. 물과 잉크의 경우처럼 생각하면 된다.

100℃와 0℃를 합쳐서 50℃로 만들 수 있지만 50℃의 물을 다시 100℃와 0℃로 가를 수는 없다. 그러므로 나눠진 쪽이 득이라는 것이 지금까지의 결론이었다. 이 결론은 상당히 추상적이다. 나눠진 쪽이 왜 편리한가? 더 구체적인 이유가 있다.

아무리 고온이라도(즉 아무리 열에너지가 많더라도) 주변이 전부 같은 온도라면 이 열에너지를 이용하여 기계를 움직이거나 자동차를 달리게 하는 것은 불가능하다. 그런데 「온도 차」가 있기만 하면 이것을 이용하여 자동차도 달리게 하는 일이 가능해진다.

전동차는 모터, 즉 전기의 힘으로 달리는데, 증기기관차, 디젤기관차, 자동차, 선박, 비행기 등은 연료를 태워서 달린다. 석유나 그 밖의 연료로부터 높은 온도를 만들고, 이 고온을 이용하여 피스톤을 운동시켜 그 운동을 바퀴, 스크류 또는 프로펠러에 전달한다. 이런 기관을 열기관이라 한다.

열기관에는 여러 종류가 있는데, 아무튼 기계 내부(예컨대 실린더 안쪽)가 외부(보통 주위 공기)보다도 온도가 높으면 된다. 그러므로 열기관 내부를 보통 온도(10℃나 20℃ 정도)가 되게 하고, 대기 온도를 가령 -200℃로 하면(그렇게 하는 것은 사실상 불가능하지만) 자동차는 달리게 된다. 실제 오일이 동결되거나 그 밖의 이유로 기계가 파괴되겠지만, 아무튼 이론적으로는 기관이 작동되는 원인은 온도 차이다.

50℃의 뜨듯한 물만은 아무리 많아도 소용없는데 100℃와 0℃짜리라면 무엇을 작동시키는 것도 불가능하지 않다(도저히

진짜 자동차를 달리게 할 수는 없지만). 온도 차가 있으면 기계가 작동되는 것은 왜일까? 그것을 알기 위해서는 다소 공학적인 얘기가 되지만, 아무래도 내연기관의 메커니즘을 알 필요가 있다. 실제 기계보다 그 메커니즘을 눈여겨보자.

열과 피스톤

내연기관 심장부는 실린더이다. 안에 기체가 들었고, 한편 피스톤으로 막혔다. 이 피스톤은 잘 움직인다. 증기기관, 자동차 및 비행기의 가솔린기관, 또는 선박에 사용되는 디젤기관은 각각 구조는 다르지만 이에 공통된 이치만을 알아보면 다음과 같다.

① 먼저 온도가 높은 물질이 피스톤과 접촉된다. 피스톤 내의 기체는 열을 얻고 팽창한다. 얻은 열은 기체 자체의 온도를 높일 뿐만 아니라 피스톤을 미는 일로 모두 변환된다(고 생각된다). 실제 기체는 뜨거워지겠지만 어디까지나 이론상의 이야기로 생각하기 바란다.

② 접촉된 고온의 물질을 제거하고 실린더는 일시적으로 외부와 차단된다. 이때에는 열의 출입은 없다. 그래도 아직 내부 기체는 피스톤을 밀고 일을 하므로 그만큼 자체의 에너지는 감소한다. 즉 기체는 냉각된다.

③ 기체는 다시 압축되어야 한다. 그러지 못하면 다음 일을 할 수 없다. 그렇기 때문에 여기서는 외부의 찬 물질(찬 기체와 같은 온도)과 접촉된다. 그리고 밖에서 피스톤을 되민다. 기체는 일을 당한 에너지 몫만큼 에너지가 증대하는데 이 에너지를 열의 형태로 외부 냉기 속으로 토해 낸다.

④ 다음으로 다시 외부와 격리되고 재차 밖에서 피스톤을 되

민다. 얻은 일(에너지)은 열이 되고 기체 온도가 올라 최초의
상태로 되돌아간다.

카르노 사이클이라는 그림의 떡

카르노 사이클로 유명한 레오나르 카르노(1796~1832)는 19
세기 초기의 프랑스 물리학자이다. 그의 아버지는 정치가이면
서 군인이기도 하였는데 수학에도 뛰어났다. 나폴레옹 휘하에
있었는데 그의 야심에 싫증을 내고 1804년에 사임하여 수학
연구에 여생을 보냈다고 한다. 아버지의 뜻을 이은 아들은 자
연과학의 모든 분야에 뛰어났고, 또한 음악, 미술에도 특이한
재능을 나타냈다.

열기관 이론을 세운 것은 아들 쪽이며, 앞에 든 ①에서 ④까
지의 과정을 낭비 없이 하는 것을 카르노 사이클이라고 한다.
애석하게도 40살도 못 넘기고 콜레라에 걸려 죽었지만, 그의
열역학 연구가 비행기나 자동차 엔진이 개발되기 훨씬 이전이
었던 것을 생각하면 그 업적은 충분히 찬양받을 만하다.

먼저 카르노 사이클 ①과 ②에서는 기체는 피스톤을 밀고 일
을 하는데, ③과 ④는 외부로부터 일을 받고 있지 않은가, 이것
은 전체적으로 일을 한 것은 아니지 않은가 하고 생각할지 모
르겠다.

분명 ②와 ④에서는 일량이 같다. ②에서 모처럼 피스톤을
밀고, 설사 바퀴를 돌렸다 쳐도 ④에서는 바퀴의 회전을 이용
하여 기체를 압축한 것이 된다.

그런데 ①과 ③은 일량이 다르다. 피스톤이 움직인 거리는
같은데 ①에서는 힘차게 미는 데 비하여 ③에서는 가볍게 되밀

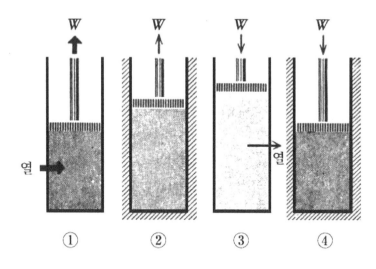

〈그림 3-1〉 카르노 사이클

었다. ①에서는 기체가 뜨겁고, ③에서는 차기 때문에 이러한
결과가 된다.

그러면 합계하여 기체는 외부에 대하여 일을 하였는데 에너
지 보존법칙에 위배되지 않는가? 그럴 걱정은 없다. ①에서는
온도가 높은 접촉물질로부터 많은 열을 얻고, ③에서는 저온의
접촉물질에 약간의 열을 토해 낸다. 그 차액 열량(즉 에너지)을
일로 변환하여 바퀴나 스크류를 운동시켰다.

열을 무조건 일로 변환시킬 수는 없지만 이렇게 온도 차가
있을 때에는 그것을 이용하여 물체를 움직일 수 있다. 실린더
에 고온물질과 저온물질을 교대로 접촉시키기만 하면 된다.

다만 기관은 고온물질로부터 열을 빼앗아 저온물질에 토하기
때문에 온도 차는 곧 상쇄되어 버린다. 언제라도 기관을 움직
이기 위해서는 항상 온도 차를 유지하도록 해야 한다.

보통 저온물질은 공기로(액냉식 엔진에서는 냉각액이 저온물질에 해당된다) 대용하고, 고온 쪽은 가솔린을 폭발시키는 것이 많다(증기기관은 수증기 자체의 온도를 올린다). 또 실린더를 고온부와 접촉시키는 미지근한 방식을 취하지 않고 실린더 속에서 발화시키면 보다 능률적이다. 이때는 실린더 내부의 기체량이 일정하지 않으므로 카르노 사이클대로 되지 않는다. 카르노 사이클은 어디까지나 이상적 과정을 나타내는 것으로 현재 사용되는 기관은 이상에는 훨씬 미치지 못하고 양식도 천차만별이다.

카르노는 이상적 사이클을 연구하여, 그 결과 열에너지를 전부 역학적 에너지로 변환하는 것은 불가능하다는 것과 이 사이클이 움직이기 위해서 앞서 얘기한 것같이 온도 차가 꼭 있어야 한다는 것을 발견하였다. 이 발견은 사실 엔트로피 개념 및 열역학 제2법칙에 직결되는 것이어서 열현상을 논할 때는 언제나 이 과학자의 이름을 빠뜨릴 수 없다.

성형 엔진

앞의 ③과 ④ 과정에서는 열기관 자체가 바퀴와 프로펠러 등으로부터 일을 받아야 한다. ①과 ②에서 바퀴를 강하게 돌려 그 반동으로 ③과 ④ 과정을 진행시키면 되는데 그렇게 하면 능률이 그다지 좋지 않다. 그 때문에 엔진 속에 이러한 실린더를 몇 개 더 갖추고 그중 하나가 ③의 과정에 들어갔을 때에는 다른 것이 ①의 과정을 진행하게 하면 기계는 원활하게 작동한다. 승용차에서 4기통이라든가 6기통이라는 것은 이렇게 열을 일로 바꾸는 실린더의 수를 말하며 이들이 교대로 일을 한다.

비행기 엔진은 자동차보다 훨씬 큰 힘이 필요하다. 그 때문에 공냉식은 프로펠러 축 주위에 많은 실린더를 방사상(즉 별 모양)으로 배치하여 이들이 순차적으로 팽창과 압축 과정을 진행한다. 이때 성형(星型) 기통은 프로펠러 축에 대하여 정면으로 볼 때 좌우나 상하로 대칭이 되지 않는 것이 좋다. 축 주위에 7개나 9개로 홀수의 실린더가 달린 것은 이 때문이다.

에너지는 많기만 하면 좋은 것은 아니다

물체가 뜨겁다는 것은 에너지가 많다는 것이며, 차가운 상태에서 에너지는 적다. 이것은 거짓 없는 사실이다. 따라서 가령 냉장고 안을 차게 하는 것은 내부의 열에너지를 버리는 것이다.

보통 경우에 에너지를 버리는 것은 간단하다. 높은 곳에 있는 돌은 떨어뜨리면 된다. 억지로 당긴 용수철, 잡아당긴 활은 위치에너지를 갖지만 손을 놓으면 이 에너지는 저절로 없어진다.

물건을 데우는 데는 수고가 든다. 다른 데서 어떤 형태든 에너지를 얻어야 한다. 그런데 냉장고를 냉각하는 일, 즉 열을 버리는 것도 큰일이다. 필요 없으면 버리면 된다는 식으로 간단하지 않다는 데에 열에너지의 복잡성이 있다.

방을 데우는 데 돈이 드는 것은 당연하다. 그런데 차게 하는 것, 즉 에너지를 줄이는 데도 돈(전기 및 가스 요금)이 필요하다고 생각하니 억울하기 짝이 없다.

에너지 보존법칙이 있다지만 이것을 유일한 신조로 삼고 에너지의 많고 적음만을 문제로 삼는 생각은 고쳐야 한다.

요즈음 가정에는 술병, 빈 상자, 나뭇조각 등의 잡동사니가 많다. 이런 것들은 거추장스러울 뿐이다. 쓰레기장과 소각장까지 운반하는 데 수고가 든다(고물상이 값을 쳐서 인수한다면 얘기가 달라지지만). 요컨대 쓰레기 따위는 있는 것보다 없는 것이 좋다.

그러나 빈 병이나 빈 상자도 돈을 들여 만든 것이므로 그만한 경제적 가치가 있었을 것이다. 그런데 주둥이가 깨져서 부엌 구석에 내버려지면 값어치는 오히려 마이너스가 된다.

기온이 30℃일 때 냉장고 속에 있는 온도 30℃의 공기가 가진 열에너지는 전혀 무가치하다. 이 열에너지를, 가령 기온 0℃인 지방으로 가져가면 크게 귀중히 여길 것이다. 이렇게 에너지라는 것은 있기만 하면 된다는 것은 아니고(즉 양만이 문제가 아니라) 성질의 양부(예컨대 온도 차가 있다면 양, 균일 온도라면 불량)가 중요시되어야 한다. 그리고 그 양부를 결정하는 기준이 엔트로피이다.

영구기관도 두 종류

1장에서 여러 가지 영구기관을 생각해 보았는데 모두 실패였다. 왜냐하면 아무리 기계를 교묘히 만들어도 에너지 보존법칙이 이를 허용하지 않기 때문이다.

그렇다면 에너지 보존법칙에 위배되지 않게 영구기관을 만들 수 없을까?

이것도 1장의 영구기관과는 다른 뜻에서 생각되어 왔다. 대기 중에서 열을 빼앗아 자동차를 달리게 하거나, 바닷속의 열에너지를 이용하여 배를 달리게 하는 방법이다. 석탄도 석유도 전기도, 또 바람의 힘도 빌리지 않는다. 그런데도 배를 달리게 하자는 것이다. 단지 주위로부터 열을 얻기 때문에 에너지 보존법칙에는 모순이 되지 않는다. 이러한 기계를 1장에서 든 것과 구별하여 제2종 영구기관이라 한다. 이에 비해 아무것도 없는 데서 에너지를 만드는 기계는 제1종 영구기관이다.

가령 제2종 영구기관을 장비한 선박이 있다고 하고 1만 마력의 출력을 내기 위해서는 바닷물에서 어느 정도의 열을 얻으면 되는지 알아보자.

현재는 미터법 이외의 계량 단위는 원칙적으로 금지되었는데 내연기관 등에는 프랑스 마력(프랑스식으로 정해진 마력으로 735.5W에 해당한다)을 사용하기도 한다. 계산해 보면 1분간에 100t(대략 100㎥) 정도의 바닷물 온도를 1℃ 내리면 된다. 100t이라 하면 상당히 많은 것처럼 들리지만 바다에서는 하찮은 양이다. 배 근처의 얼마 안 되는 바닷물에 지나지 않는다.

1분이 지나면 배는 자신의 길이 이상 전진한다. 그리고 다시 열을 얻는다. 배가 지나갔다고 해서 바다가 차가워져서 물고기가 죽어 버린다는 걱정은 없다.

이상은 어디까지나 제2종 영구기관이 이 세상에 존재한다고 가정한 이야기이다. 자동차도 배도 일정 온도의 대기나 바닷물에 떠 있다. 이러한 상태에서 열에너지를 운동에너지로 변환하는 것은 불가능하다는 것은 확률적 입장으로 결론이 지어진 사항이다.

물리학에서 열에 관계되는 갖가지 현상을(예컨대 열팽창, 열전도, 비열, 융해 및 증발, 또 습도에 이르기까지) 취급하는 분야를 열학이라 한다. 그리고 열학의 골자가 되는 것이 열역학이다. 보통 다음 두 법칙으로 대표된다. 열역학 법칙은 자칫 어렵다고 생각되기 쉬운데 영구기관을 이해한 사람에게는 그렇지

않다. 그 제1법칙이란

　「제1종 영구기관은 존재하지 않는다」

는 것이며 제2법칙은

　「제2종 영구기관은 존재하지 않는다」

라고 표현해도 된다.

　제1종 영구기관은 절대적으로 부정되고, 제2종 영구기관은 확률적으로 부정된다. 즉 제2종 영구기관에 대해서는 아마 그런 기관이 있을 수 없겠지만 혹시 작동될지 모른다는, 약간 회의적인 면도 있다.

　이 근방의 어딘가 불명료한 틈새를 타고 나타난 것이 맥스웰의 도깨비이다. 영구기관을 상대적으로 부정하는 것뿐이라면 우리가 나서서 어떻게 해 보자고 도깨비들이 속삭인다.

　물리법칙이 확률적인 근거로만 존재할 수밖에 없다는 것과 도깨비가 존재한다는 것이 서로 얽힌다. 나중에 나오는 유명한 볼츠만도 열적 종말 가능성을 믿은 사람인데, 그 역이 되는 결론도 이렇게 생각해 가면 꼭 아니라고 잘라 말할 수 없게 된다.

아인슈타인도 깜짝!

　거리에 나가면 쇼윈도에 이따금 「평화새」가 눈에 뜨인다. 새라지만 장난감의 하나로 물 먹는 새라고도 한다. 컵에 담긴 물을 마시고는 머리를 드는데 이것을 언제까지나 되풀이한다. 태엽으로 움직이는 것도 아니고, 전기장치로 움직이는 것도 아니다. 누가 보지 않아도 평화새는 조금도 쉬지 않고 한없이 운동을 계속한다.

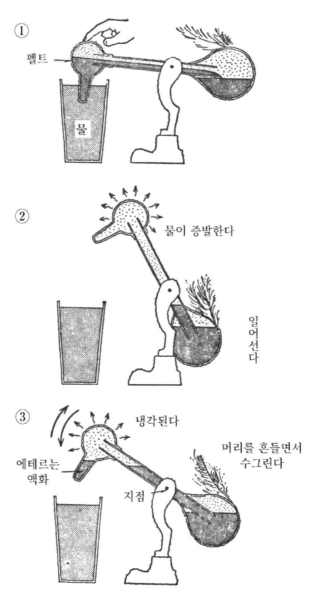

<그림 3-2> 물 먹는 새(평화새)의 원리

　그런데 이 평화새는 제2종 영구기관이 아닌가 의심이 생긴다. 만일 이 운동을 적당하게 발전기에 연결하면 전기를 일으킬 수도 있지 않을까? 힘이 약한가 센가는 문제가 아니다. 설사 약해도 평화새를 많이 늘어놓고 장치에 잘 연결하면 어쨌든 일을 시킬 수 있다.

　아인슈타인도 놀랐다는 평화새의 원리는 다음과 같다.

　큰 머리와 몸은 가는 관으로 연결되었다. 관 중앙에 지점이 있고 이것이 새의 다리이다. 천칭처럼 지점에 대한 균형은 아주 민감하여 조금이라도 몸이 무거우면 일어나고, 머리가 무거우면 수그린다.

　재료는 유리로 만들었는데 내부 공기를 뽑아내고 에테르라는 휘발성 물질을 넣고 밀봉하였다. 휘발성이란 조금만 데우면 기체가 되고, 조금 차갑게 하면 쉽게 액체로 되돌아가는 성질이다. 새 머리는 펠트라는 물을 잘 빨아들이는 헝겊으로 쌌다(여기에 눈과 부리를 그렸다).

　그런데 처음만은 부리를 컵 물에 담가 줘야 한다(〈그림 3-2〉의 ①). 관 아래쪽(몸통)이 액체 밖으로 나가므로 머리에 있던 액체는 물통으로 흘러 새가 일어난다(〈그림 3-2〉의 ②). 문제는 일어난 새가 왜 고개를 수그리는가에 있다. 평화새의 연속 운동을 설명하기 위해서는 일어난 것이 왜 수그리는가를 해명해야 한다.

　부리를 물에 담갔을 때 펠트가 물을 머금는다. 그러면 일어선다(반동으로 새는 흔들거린다). 다음으로 펠트에 머금은 물이 증발한다. 그때 에테르로부터 증발열을 빼앗는다. 머리에 있던 에테르 증기는 냉각되어 일부는 액화하고, 증기압은 복부의 증

평화새는 제2종 영구기관이 아닌가?

기압력보다 작아진다. 그 때문에 액체는 관을 따라 올라간다. 머리까지 올라가면 부리 부분에도 들어가 머리는 수그러진다. 이리하여 다시 물을 마신다.

이것이 평화새의 운동이다. 속에 든 에테르는 증발하거나 액화하기만 하고 줄지는 않는다. 펠트를 적신 물은 증발해 버린다.

결국 물 증발 때문에 평화새는 움직인다. 물을 증발시키는 원천은 태양에너지이며, 새는 태양에너지를 얻어 운동하기 때문에 제1종 영구기관은 아니다.

여기까지의 이야기는 다른 책에서도 여러 번 나왔다. 혹시 여러분 가운데는 다음과 같은 의문을 가진 사람은 없을까?

「물론 평화새는 제1종 영구기관이 아니다. 그러나 사람이 미리 평화새 부근에 온도 차를 만들어 놓은 것은 아니다. 기온이 20℃라면 그 부근은 어디든 20℃이다. 이때 물체는 운동하지 않을 것이다. 그런데도 평화새는 운동한다. 균등한 온도인 대기로부터 에너지를 빼앗고 운동한다면 제2종 영구기관이 아닐까?」

이 질문에 정확하게 대답하기 위해서는 「엔트로피」라는 개념을 이해하고 있어야 한다. 평화새는 실제 제2종 영구기관이 아니다. 그런데도 운동하는 것은 태양으로부터의 복사에너지 중에 포함된 반엔트로피 덕분인데 이것은 7장에서 다시 얘기하겠다.

미시적 현상과 거시적 현상의 연결법

열역학이란 원래 거시적인 학문이다. 그러나 그 제2법칙을 설명하는 데는 분자를 들고 나와 혼합, 조합수, 확률… 같은 수학적 수단을 쓰면 알기 쉽다. 이때는 분자를 들고 나왔기 때문에 미시적 영역에 들어간다.

　보통은 열학 또는 열역학으로 거시적인 현상을 다루고, 분자 수준에서 생각하는 경우에는 통계역학 또는 물성론으로 다룬다.

　그러나 지금까지 생각해 온 것처럼 전체적인 현상(가령 잉크가 물에 확산하는 일)은 분자적인 입장을 취해야 비로소 설명할 수 있는 문제이며, 즉 미시적 연구가 거시적 현상을 예측한다. 둘은 떼어 놓을 수 없다.

　전체와 개체의 관계를 조금 생각해 보자. 열역학에서는 가령 기체의 부피(V), 압력(p), 온도(T) 등을 정한다. 이것은 물론 적절한 기구로 측정되는 양이다.

　그런데 기체를 분자적인 관점으로 보면(물론 실제 보이는 것은 아니다. 미시적 입장에서 생각한다는 뜻이다), 거기에 존재하는 것은 운동하는 많은 입자(분자)뿐이다. 입자가 가진 물리적 성질은 어느 순간의 위치이거나 속도, 속도에 질량을 곱한 운동량이거나, 또는 운동에너지 등이다. 바꿔 말하면 분자가 가진 것은 역학적 성질이다.

　분자적인 관점에서 보면 압력이든 온도든 기체 부피 같은 것은 아무 데도 없다. 그러나 전체적인 관점에서는 나타난다. 이렇게 되면 미시적인 양(역학적인 양)으로부터 어떻게 하여 거시적인 양(온도와 압력 등)이 나오는가를 설명해야 한다.

　이들 사항에 대해서는 여기서는 결론만 얘기하겠다.

　「압력」, 즉 우리가 기체로부터 받는 압박이라는 감각은(물론 인간은 1기압에 너무 익숙해져서 대기가 인간의 몸을 누른다고는 의식하지 않지만) 기체 분자가 피부에 충돌하여 튕길 때의 충격이다. 이 충격이 시간적으로도 위치적으로도 극히 빈번하게 일어나기 때문에 이젠 개개 충격으로서는 의식하지 않고 전

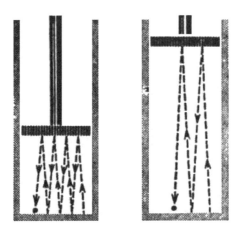

〈그림 3-3〉보일의 법칙을 미시적으로 설명한다. 기체의 부피가 반이 되면
기체 분자가 벽에 충돌하는 횟수가 배가되고 압력이 배가된다

반적으로 익숙해져 압력이 된다.

기체의 부피란 분자 하나하나의 크기를 그대로 합친 것은 결
코 아니다. 기체 분자는 운동하고 있고 그릇이 되는 풍선이나
피스톤이 달린 실린더 등의 부피를 크게 하려고 하여 이에 반
항한다. 그 힘이 외력과 균형을 이루어 기체 부피가 정해진다.
부피와 압력은 반비례한다는 것은 보일의 법칙인데 이것을 미
시적인 견지에서 설명한 것이 〈그림 3-3〉에 보인 실린더 그림
이다. 기체 분자는 좁은 공간에 밀폐되면 그만큼 많이 기구의
벽에 충돌한다. 충돌 횟수가 늘면 압력은 증가한다.

기체 온도란 분자가 갖는 운동에너지, 즉 질량에 속도의 제
곱을 곱하여 2로 나눈 것이다. 뜨겁다는 것은 분자가 평균적인
뜻에서 빠르게 운동한다는 것이다. 그러므로 뜨거운 것(즉 빠른
것, 정확하게 말하면 운동에너지가 큰 것)에는 제한이 없다. 태

양 중심부와 원자핵융합에서는 수천 도에서 수억 도가 문제가
된다.

그런데 차가운 쪽에는 한계가 있다. 멎은 것이 가장 느린 것
이며 이보다 늦을 수는 없다. 이것이 -273.15℃이다. 이 점을
0도로 한 눈금을 절대온도라고 한다.

집단 중의 한 얼굴

기체 분자를 개개의 입장에서 보면 운동량과 운동에너지 덩
어리인데 총괄적으로 보면 압력과 온도가 된다. 어디까지나 분
자 단위로 생각하면 압력이나 온도는 이 세상에 존재하지 않는
성질이다. 그럼에도 분자가 대집단을 결성하기 위해 나타난 불
가사의한 물리량이라고도 말할 수 있다.

거시적 또는 미시적 개념은 열학과 열역학뿐만 아니라 자연
현상을 관찰하여 그 이론적 입증을 할 경우 기본이 되는 중요
사항이다. 전체 속에 있는 개체의 행동은 어떤 상태인가와 개
체가 갖는 성질이 어떤 이치로 전체가 나타내는 현상에 연결되
는가를 조사하는 것은 현재의 물리학, 화학, 생물학 연구의 가
장 기본적인 방침 중 하나이다.

Ⅳ. 질서 붕괴

물과 얼음의 차이

양주를 제일 간단하게 마시려면 위스키에 얼음덩어리를 넣어 마시는 것이 가장 보편적이고 손쉬운 방법인 것 같다. 그런데 그때 쓰이는 재료인 얼음, 물, 알코올(순수한 것은 무색이다)을 앞에 놓고, 이 세 가지 물질 가운데서 특별히 성질이 다른 것을 하나만 지적하라고 하면 어떻게 할까? 그럴 때 보통 얼음을 가리킬 것이다.

물이나 알코올은 투명한 유동물질이므로 손으로 잡을 수 없고 엎지르면 젖고 또한 그릇 모양에 따라 모습이 변한다는 등 공통점이 얼마든지 있다. 물론 맛이나 마신 뒤의 느낌이나 값은 서로 상당히 다르지만, 아무튼 눈으로 보기와 만진 감각으로는 얼음만이 유별나게 다르다.

그러나 「화학」이라는 학문에서는 얼음과 물은 본질적으로 같고 알코올만이 이질적인 것이라 한다. 분자 단계까지 파고들면 물과 얼음은 H_2O가, 알코올은 C_2H_5OH가 물질 구성 단위이다.

물과 알코올은 화학적으로 다르다고 하며, 물과 얼음은 물리적으로 다르다고 생각한다. 인간이 물보다도 알코올을 좋아하는 것은 알코올이 위에 들어간 뒤의 화학적 변화가 생리적으로 좋게 느껴지기 때문이다. 눈으로 봐서 아무리 비슷해도 물은 역시 맹물이다.

그럼 물리적인 차이란 무엇을 말하는가? 구성 요소인 분자 또는 원자 자체의 차이를 문제 삼는 것이 아니고, 그 많은 요소가 어떤 구조로 조립되고 작용하여 물질을 만드는가를 중요시한다.

같은 분자(H_2O)라도 서로 굳게 입체적으로 배열된 것이 얼음이며, 분자끼리 밀집되었어도 서로의 결합이 반드시 견고하지는 않고 얼음처럼 정연하게 배열되지 않은 것이 물이다. 분자가 넓은 공간에서 서로 멀리 떨어져 상당히 자유롭게 돌아다니는 상태가 수증기이다.

이렇게 고체, 액체, 기체의 차이는 분자(고체에서는 분자가 아니고 원자를 단위로 생각하는 일이 많다)의 배열 방식의 차이에 귀착된다. 구성 요소(즉 원자나 분자)가 같아도 이들의 배열 구조가 다를 때 물리학과 물리화학에서는 「상(相)」이 다르다고 한다. 그리고 고체와 액체 사이에서 일어나는 융해 및 응고, 액체와 기체 사이에서의 증발 및 응축 등을 상변화(相變化)라고 한다.

일반적으로 상이 다르면 물질의 성질이 달라진다. 단순히 외견상의 형태와 감촉만이 아니라 여러 가지 물리적 성질, 예컨대 무게(정확하게 말하면 비중), 열과 전기의 전도도, 온도에 대한 열팽창률, 대자율 등 헤아릴 수 없이 많다. 이러한 물리적 성질이 원자나 분자의 배열 방식(기체 상태도 넓은 의미에서 「배열 방식」이라는 말로 총괄하여)에 크게 영향을 받는다.

어느 온도에서 갑자기

상의 차이란 고체, 액체, 기체의 차이만을 말하는 것은 아니다. 같은 고체라도 황린과 적린은 상이 다르다. 인 원자의 배열 방식이 다르며, 적린은 안정한 위치로 배열되었으나 황린은 원자의 배열이 다소 불안정하며 그 때문에 화학작용이 뚜렷하여 냄새가 심하고 독성작용이 있다. 멋쟁이 카우보이가 장화에 쓱 성냥을 그어 담뱃불을 붙이는 장면이 서부극에 잘 나오는데 그

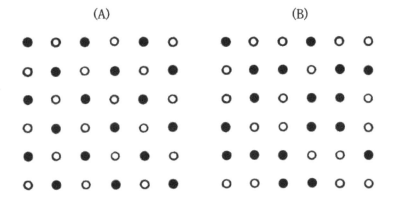

〈그림 4-1〉 합금의 질서(A)와 무질서(B)

런 성냥은 황린으로 만들며, 우리가 쓰는 안전성냥은 적린을 써서 만든다.

고체인 황도 단사정(單斜晶)황과 사방정(斜方晶)황의 두 가지 상이 있다. 원자 배열이 사방정황이 안전하고, 저온도(95℃ 이하)에서는 사방정황이 된다.

두 종류의 원자가 섞인 합금에서는 다른 의미에서 상변화한다. 구리 원자(Cu)와 아연 원자(Zn)는 같은 수씩 혼합하여 놋쇠를 만드는데(공업용 놋쇠는 아연의 비율이 작은 것이 많다) 온도가 낮을 때에는 구리와 아연이 엇갈려 배열된다. 이것을 합금의 규칙 상태라 한다(통계역학에서는 질서도가 크다고 한다). 온도가 오르면 원자가 이동하여(고체도 온도가 높으면 원자가 곧잘 이동하여 서로 위치를 바꾼다) 규칙성이 다소 무너진다. 그래도 여전히 구리 옆에는 아연, 아연 옆에는 구리가 배열하려는 경향이 남는다.

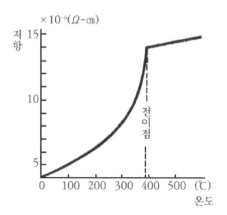

〈그림 4-2〉 금과 구리 합금(Cu₃Au)의 전기저항

　그런데 다시 온도가 상승하면(놋쇠인 경우는 460℃ 정도에
서) 규칙성이 갑자기 없어진다. 완만하게 불규칙적으로 되는 것
이 아니라 일정 온도에 달하면 갑자기 배열이 무너진다. 이러
한 온도를 전이점(轉移點)이라 하며 전이점의 고온 측과 저온
측에서는 「상」이 다르다고 생각된다. 질서가 있는 저온에서는
구리 옆에 아연이 반드시 있다고 생각해도 되는데, 완전히 무
질서하게 된 고온에서는 구리 옆에 아연이 있을 가능성과 구리
가 있을 확률이 완전히 반반이 된다.

　온도를 올려 전이점을 통과했을 때 물질은 「상변화」했다고
한다. 구리와 아연의 위치를 눈으로(또는 현미경으로) 볼 수는
없지만 상변화가 일어나면 갖가지 물리적 상태가 급격히 변한
다. 합금에서는, 저온부에서는 전이점보다도 전기저항이 작지만
고온부에서는 크기 때문에, 온도를 변화시키면서 전기저항을
측정해 가면 전이점을 실험적으로 알 수 있다.

108

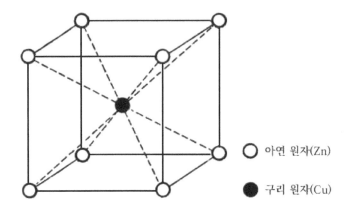

〈그림 4-3〉놋쇠의 구리 원자와 아연 원자 배치

전기가 아주 잘 통하는 금과 구리의 합금(Cu_3Au)이나, 금속은 아니지만 고체염화암모늄(NH_4Cl) 등에도 이런 경향이 뚜렷이 나타나 1920년대에서 1930년대에 걸쳐 많은 실험이 실시되었다.

확률적 해석

놋쇠에 대하여 상전이현상을 좀 더 자세히 생각해 보자. 온도가 낮을 때에는 구리 원자와 아연 원자가 입체적으로 엇갈려 배열된다. 그 부분만을 빼서 그리면 〈그림 4-3〉처럼 되는데 그림을 보고 아연이 구리의 8배나 된다고 말해서는 안 된다. 마침 구리 원자를 중심으로 하는 육면체를 그렸기 때문에 이 그림처럼 되었는데 이런 배치에서 좌우, 앞뒤, 상하로 배열시키면 흰 구슬과 검은 구슬이 같은 수가 된다. 이것이 결정(고체)이다.

왜 이렇게 규칙적으로 배열되는가? Zn과 Cu 간의 인력은 크지만(마이너스로서 절댓값이 큰 에너지가 존재하는데) Zn끼리나 Cu끼리 상호 인력은 그다지 강하지 않기 때문이다. 만일 남녀가 서로 나란히 앉기를 원할 경우 같은 수의 남자와 여자를 멋대로 좌석에 앉히면 아마 엇갈려 앉게 될 것이다. 이와 똑같은 이유이다(물론 이성이 갖는 인력은 물리적인 것이 아니라 생물학적인 인력에 가깝지만).

그러면 온도가 오르면 왜 규칙성이 흐트러지는가?

에너지 입장으로만 생각하면 철저하게 Zn과 Cu는 이웃한 편이 이득(즉 위치에너지가 낮다)이다. 따라서 이 세상에 있는 것이 열역학 제1법칙뿐이라면 온도가 올라가도 규칙성은 무너지지 않는다.

그런데 열역학에는 제2법칙이 있다. 이에 따르면 원자는 잘 섞여야 한다. 수학적으로 말하면 조합 가능성이 가장 높은 상태가 나타나야 한다.

여기서 Cu와 Zn이 엇갈려 규칙적으로 배열되었을 때 Cu가 차지하는 좌석을 A, Zn이 차지하는 좌석을 B라 이름 붙이면 A석에 Cu가, B석에 Zn이 들어가면 문제없다. 배열은 규칙적이다.

그런데 온도가 높아짐에 따라 Cu가 B에, Zn이 A에 앉기 시작한다. 왜 그런 건방진 원자가 나타나는가? 앞서 용기 속의 기체 분자 때 계산한 확률론이 여기서도 적용된다.

흩어지기 쉬움

계산을 간단히 하기 위해 Cu와 Zn의 원자를 10개씩이라 하자(따라서 A석도 B석도 10개씩). 실제 고체 속에서 원자의 수는 이렇게 적지 않다. 단순한 비유이다.

10개의 Cu 원자는 전혀 개성이 없는 것이다. 즉 가령 좌석 「가」와 「나」 양편에 구리 원자가 걸쳤다고 할 때

「가」에 개똥이라는 구리, 「나」에 떡쇠라는 구리

하는 경우와

「가」에 떡쇠 구리, 「나」에 개똥이 구리

하는 식으로 두 가지 상태를 구별하여 헤아리는 일은 없다. 원자에는 개똥이나 떡쇠 같은 개성이 없다. 그러므로 「가」와 「나」에 구리가 있다는 단지 하나의 상태로 계산한다. 여기서 A석에 있는 Cu 원자와 B석에 있는 Zn 원자를 「바른 원자」, 반대로 B석에 있는 Cu 원자와 A석에 있는 Zn 원자를 「틀린 원자」라고 부르기로 하자.

20개 전부가 올바른 원자일 때의 조합수(가능성)는 겨우 한 가지이다. 그럼 18개가 올바른 원자이고 Cu 1개, Zn 1개가 틀린 원자인 때는 어떤가?

틀린 1개의 Cu 원자는 10개의 B석 중 어디에도 앉을 수 있는 가능성을 갖는다. 그것만으로 10가지 방법이 있다. 다시 틀린 1개의 Zn 원자도 10개의 A석 중 어디를 차지해도 10가지이다. 그러므로 조합수는 10×10=100이 되어 전부 올바른 원자인 경우와 비해 Cu와 Zn이 1개씩 틀린 좌석에 앉는 편이 100배나 큰 가능성을 갖게 된다.

이러한 계산을 모두 해 보면 Cu 원자와 Zn 원자에 대해

(바른 원자 수)	(틀린 원자 수)	(조합수)
9개와 9개	1개와 1개	100가지
8개와 8개	2개와 2개	2,025가지
7개와 7개	3개와 3개	14,400가지
6개와 6개	4개와 4개	44,000가지
5개와 5개	5개와 5개	63,504가지

라는 결과가 된다. 18개의 틀린 원자에서 2개가 바른 것일 경우에는 18개가 올바르고 2개가 틀렸다는 것과 전적으로 같으므로, 위 표의 경우만을 계산하면 충분하다.

크게 틀리려고 생각해도

겨우 원자가 20개일 때라도 반이 틀린 경우(이것은 전적으로 불규칙하게 배열된 것이다)는 전부 올바른 경우(규칙 상태)에 비해 63,000배 이상 일어날 수 있다는 것이다. 정렬(규칙 상태)되기보다 제멋대로(완전히 불규칙)가 되는 쪽이 훨씬 일어나기 쉽다는 것은 물과 잉크의 경우와 같다.

그렇다면 온도가 높건 낮건 간에 얼른 무질서 상태가 되어 버리면 될 것 아니냐고 할지 모른다. 그런데 합금인 경우에는 잉크의 확산이나, 용기 속에 기체 분자가 고르게 퍼질 때와 다른 점이 있다. 합금 이야기에서는 에너지가 얽힌다.

Cu와 Cu가 나란하든가, Cu 옆에 Zn이 오든가, 위치에너지가 같으면(즉 원자 간 인력이 양쪽 원자의 종류에 관계없다면) 물론 제멋대로 배열된다. 규칙적으로 배열된다는 것은 순전히 우연에 지나지 않는다.

그런데 Cu와 Zn은 나란히 있기를 원하지만 Cu끼리나 Zn끼리는 그다지 가까이하려 하지 않는다. 이것은 원자가 갖는 성질을 양자역학적으로 연구하여 얻어진 결론이다. 그렇게 되면 두 가지 모순된 경향이 여기서 부딪치게 된다.

① 체계는 가급적 위치에너지를 낮게 하려 한다. 그 때문에 Cu와 Zn은 이웃이 되려 한다.

② 체계는 가장 조합수가 큰 상태를 취하려 한다. 그러기 위해서는 깨끗하게 배열할 겨를이 없다.

정말 야단났다. 대체 어떻게 하면 될까? 그보다도 실제 합금은 어떻게 되어 있을까?

타협

공중에 있는 것은 받침이 없으면 낙하한다. 즉 자연계의 물체는 위치에너지를 줄이려 한다. 구리 원자와 아연 원자는 세게 서로 끌어당긴다. 그러므로 엇갈리게 배열되고 싶어 한다.

또 이와는 달리 확률론적으로는 완전하게 엇갈리게 배열된다는 것은 아주 드문 일이다. 이런 뜻에서는 구리와 아연은 아주 불규칙적으로 흐트러진 상태가 되고 싶어 한다.

남녀 연인들은 어느 쪽이든 이성끼리 나란히 앉고 싶어 한다. 그런데 이성끼리 이웃해서 앉으면 그 두 사람의 입장권이 비싸진다는 모순을 안게 된다.

결국 어떻게 되는가? 타협할 수밖에 없다. 적당히 규칙적으로, 적당히 난잡하게 되어야 한다.

혼란은 혼란을 부르고

그럼 적당히란 어느 정도인가? 이것은 온도에 따라 결정된다.

예를 들면 많은 붉은 구슬과 흰 구슬이 엇갈려 배열된 곳에 바람이 분다고 하자. 바람은 어느 정도 붉은 구슬과 흰 구슬의 위치를 바꿔 버린다. 만일 바람이 세지 않으면 적과 백은 상당히 규칙적으로 배열될 것이다. 원래 적과 백은 나란히 있으려 하기 때문이다.

그런데 강풍이 불 때는 어떻게 되는가? 적과 백이 나란히 서겠다고 떼를 써도 바람은 그렇게 되게 허용하지 않는다. 억지로 제멋대로 배치해 버린다.

이 바람에 해당하는 것이 온도이다. 절대영도에서는 완전히 규칙적이다. 완전히 무풍 상태였기 때문이며, 점점 온도가 높아지면 규칙성은 무너진다. 모두 규칙적인데 자기만 나쁜 짓을 하려는 것은 어렵다. 좋은 사회에는 도둑이 적다. 도둑이 적으므로 좋은 사회라고 할 수 있는데, 거꾸로 사회 질서가 바르게 실시되기 때문에 도둑질하기 어렵다는 것도 분명하다.

그런데 사회가 혼란되면 자칫 마음을 잘못 먹고 나쁜 짓을 해 버린다. 다른 사람이 하니 자기도 안 하면 손해라는 기분이 든다. 남이 뇌물을 먹는다고 나도 먹는다는 심보이다.

합금이 저온도일 때는 규칙성은 여간해서는 흐트러지지 않는다. 「에너지를 낮게 해야 한다」는 구호가 퍼졌기 때문이다. 그런데 온도가 올라가 점점 흐트러지면 다시 더욱더 흐트러지는 것이 비교적 용이하게 된다. 최후에는 산사태처럼 되어 버려 드디어 완전한 무질서 상태가 된다. 이것이 전이온도이다. 산사태식 또는 부화뇌동적 현상이 일어나기 때문에 전이온도가 확

온도라는 바람!

실히 결정되는 것이다.

이렇게 분자나 원자가 엇갈려 일으키는 현상을 「협력현상」이라 한다. 협력현상은 합금의 경우만이 아니고 전이온도를 갖는 물리 과정의 거의 모든 곳에 인정된다.

고체 속 맥스웰의 도깨비

맥스웰의 도깨비는 기체 분자의 통행을 제어하는 동물(인간인지 신인지 모르지만, 아무튼 의지가 있는 것)로서 공상적인 산물이다. 그런데 이것이 고체 속에 있으면 어떻게 될까?

놋쇠의 경우 모든 좌석(지금까지 좌석이라 말한 것은 고체론에서는 격자점이라 한다) 옆에 도깨비가 버티고 있다. 그리하여 A석에 Cu가 앉으면 묵인하고, Zn이 진입하려 하면 방해한다. B석에 대해서는 이와 반대이다. 이것을 실행하는 것은 쉽다. 원래 Cu와 Zn 사이에 큰 인력이 있기 때문이다.

만일 반대로 맥스웰의 도깨비에게 Cu끼리 또는 Zn끼리 나란히 서게 명령하라고 하면 그것은 억지이다. 그들에게는 그럴 힘이 없다. 분자나 원자의 에너지를 높일 수는 없다. 분자나 원자에 일을 줄 능력이 전혀 없다. 맥스웰의 도깨비는 정보 청취에서는 분자나 원자의 크기까지는 정확하지만 힘에 관해서는 아주 맹물이다.

그런데 그들이 합금 속에서 교통정리를 한다고 하자. 그리고 합금에 열을 준다면 어떻게 되는가?

Cu와 Zn은 언제까지나 규칙적으로 배열된다. Cu끼리나 Zn끼리 교환되는 것은 상관없다. 같은 종류의 원자를 교환해도 규칙성은 무너지지 않는다.

거시적인 입장에서 보면 맥스웰의 도깨비가 사는 합금은 어떻게 되는가?

먼저 전이현상을 볼 수 없다. 어떤 온도에서 합금의 성질이 확 변하는 일은 없어진다. 도깨비들은 Cu든 Zn든 위치를 바꾸지 말라고 한다. 원자는 원래 움직이기 싫어한다. 잘됐다 싶어 처음 자리에 앉아 버린다.

그 결과 비열은 대단히 작아진다. 도깨비가 없으면 온도 상승과 더불어 Cu와 Cu 또는 Zn과 Zn의 반상회가 싫든 좋든 이뤄진다. 이 이웃은 Cu와 Zn의 이웃에 비해 에너지가 높다. 에너지를 높게 하기 위해 여분의 열을 주입해야 한다. 온도를 1℃ 올리는 데 필요한 열량(즉 열용량)은 지나치게 커진다. 그런데 맥스웰의 도깨비가 살게 되면 이 이상(異常) 비열은 해소된다.

또 전기저항도 보통 경우에 비해 상당히 작을 것이다. Cu와 Zn이 불규칙적으로 배열되면 그 속을 전자가 달리는 데 대단히 힘이 든다. 저리 부딪치고 이리 충돌하게 된다. 반대로 정연히 배열되면 전자도 달리기 쉽다. 열전도에 대해서도 마찬가지다.

설탕물에서 액체헬륨까지

합금 이론은 통계역학에서 취급하는 전형적인 상변화 문제이다. 그러나 상변화는 이것만이 아니다. 물리학의 대상이 되는 것만 해도 여러 가지 구조의 상변화가 있다.

*용액　용액(혼합 액체)에도 상변화가 있다. 이것은 두 종류의 분자의 배열을 이러쿵저러쿵 하는 것이 아니고 섞이는 방식

(A) (B)

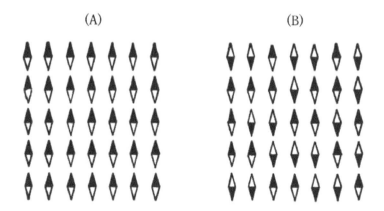

〈그림 4-4〉 작은 자석의 방향의 질서(A)와 무질서(B)

(정확하게 말해 몇 %씩 섞이는가 하는 것)이 문제가 된다.

보통 저온도에서는 섞이지 않는데(가령 섞이더라도 정해진 비율로밖에 혼합되지 않는다) 어느 온도 이상이 되면 무조건 어떤 비율로나 섞인다. 이 어느 온도가 전이점이다.

이런 경우에는 합금과 반대이며 같은 종류의 분자는 세게 끌어당기고 다른 종류의 분자끼리의 인력은 약하다. 그러므로 에너지적으로는 분리되고 싶어 한다. 그러나 분리되면 조합수가 작아진다. 어느 정도 섞인다는 것으로 양자의 요구를 조금씩 충족시켜 준다.

*강자성　　철로 된 자석은 대단히 강한 자성을 띤다. 그런데 770℃ 이상이 되면 아무리 애써도 자석(물체를 끌어들이는 것이 눈에 보일 만한 힘이 있는 자석)으로 만들 수 없다. 철에서는 770℃가 전이점이다. 특히 자석으로서의 성질이 상실되는

온도를 퀴리점이라 한다. 발견자는 프랑스의 물리학자 피에르 퀴리이다.

철이 자석이 되는 것은 나중에 상세히 말하겠지만 철 원자 자체가 모두 소형 자석이기 때문이다. 퀴리점 이하에서는 소형 자석이 모여 철을 자석으로 만드는데, 770℃보다 온도가 높아지면 소형 자석은 제멋대로 방향을 잡으므로 통일이 되지 않는다. 여기서도 상의 차이는 넓은 뜻에서의 원자 배열 구조의 차이에 의한다.

초전도   네덜란드의 물리학자 헤이커 카메를링 오너스 (Heike Kamerlingh Onnes, 1853~1926)는 1911년에 수은 (Hg)의 온도를 계속 내려 봤더니 $4.2°K$에서 갑자기 전기저항이 없어지는 것을 발견하였다. 저항이 서서히 감소되는 것이 아니고 그 온도가 되면 딱 0이 된다. 다시 그 후 납(Pb)이 $7.2°K$에서, 수은(Hg)이 $4.2°K$에서, 주석(Sn)이 $3.7°K$에서 등으로 많은 금속의 저항이 저온에서 0이 되는 것이 발견되었다. 이것을 초전도 상태(超傳導狀態)라고 하는데, 분명히 일종의 상 전이가 일어난 것이다. 전이점을 경계로 하여 고온 측(이라고 하지만 대단히 찬 영역이다)과 저온 측에서는 전기저항뿐 아니라 자기적 성질과 비열 등도 몹시 다르다.

액체헬륨   액체 분자는 고체 분자처럼 공간적으로 규칙 있게 배열된 것은 아니므로 순수 액체(용액이 아니고 한 종류의 분자만으로 된 액체)에서 상의 차이는 일어날 수 없을 것이다. 그러나 한 가지의 예외가 있다.

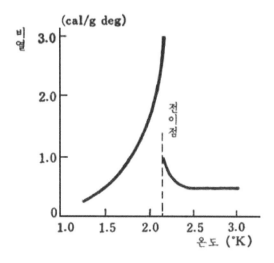

〈그림 4-5〉 액체헬륨의 비열

카메를링 오너스는 초전도를 발견하기 3년쯤 전, 즉 1908년에 헬륨의 액화에 성공하였다. 헬륨은 절대영도에 이르기까지 액체로 존재하는(즉 고체가 되지 않는) 특별한 물질인데 2.18˚K를 경계로 하여 저온 측에서는(이것을 헬륨Ⅱ라고 한다) 컵에 넣은 액체가 스스로 가장자리로 기어올라 넘치고, 끈끈함도 거의 없고 그 속을 열이 음파처럼 주기적으로 전파하기도 한다.

비열 값은 이 부근에서 대단히 크고 온도의 함수로 그리면 그리스 문자 λ(람다)의 좌우를 반대로 놓은 모습과 아주 비슷하다. 그래서 특히 헬륨 전이점(2.18˚K)을 람다점이라 부른다.

아무튼 이 온도에서 상전이가 일어나는 것은 확실한데, 액체이기 때문에 「분자 배열 방식의 차이」라는 간단한 방법으로는 두 상의 차이를 설명할 수 없다.

왕성한 자성 연구

고체론에서는 고체에 대한 모든 성질, 경도, 신축성 등의 역학적 성질로부터 열에 대해 어떻게 변화하는가, 전기가 어느 정도 잘 통하는가, 자석으로 이용할 수 있는가 등까지 그 연구가 천차만별이다.

요즘 어느 나라에서나 물리학회가 열리면 각 연구 분야에 걸쳐 학술 강연이 열린다. 소립자, 원자핵, 우주선에서부터 통계역학, 금속, 자성, 유전체, 원자, 분자, 반도체, 고분자, 생물물리 등 다양한데 연구 발표 건수로 보면 자성과 반도체가 그 가운데서 압도적으로 많다. 둘 다 현재 고체론의 대표적인 분야인데 그만큼 내용도 넓고 실험, 이론 양면으로 이 연구에 참여하고 있는 사람이 많기 때문이기도 하다. 이것이 현재 공학에 필수적인 기초 분야라는 것도 이유의 하나인데 고체 속에서 원자나 전자가 일으키는 현상이 얼마나 불가사의한가에 흥미가 있기 때문이기도 하다.

보통 물리학 교과서에서 자석은 전기 부문의 한 구석을 겨우 차지한다. 그러나 고체론 또는 현대의 물리학 전반에 걸쳐 살펴보면 자성체 연구는 상당히 큰 부분을 차지한다.

이렇게 많은 사람의 연구 대상이 되는 자성이란 무엇인가? 앞에서도 얘기했듯이 원자 정도 크기의 작은 자석이 방향을 통일한 것이다. 자석이 되는가 안 되는가는 방향이 통일되었는가 그렇지 않은가의 문제이므로 많은 입자의 종합적인 행동에 관한 것이다. 즉 여기서도 확률론이 필요하다. 자석을 예로 들어 다시 한번 확률적인 생각을 알아보자.

전자자석에는 동서가 없다

말굽자석이 아니고 막대자석을 생각해 보자. 막대자석을 책상 위에 놓을 때 어느 쪽으로 놓든 가진 사람 마음대로이 다.

등산용 물통 뚜껑에도 달려 있는 나침반은 남북을 가리킨다. 이것은 지구 표면이 자기장으로 되었기 때문이며 물론 손가락으로 누르면 동서로, 또는 더 비스듬히 돌릴 수 있다.

그런데 전자처럼 작은 입자는 그 자체가 처음부터 막대자석 같은 성질을 가진다. 이렇게 입자이면서 막대자석으로서의 능력을(또 입자이면서 각운동량이라는 역학적 성질도 갖는데) 스핀이라 한다. 그리고 이 막대자석(스핀)은 일정한 방향으로만 배열된다. 다만 이 방향에 대해 북극인가 남극인가, 즉 위로 향하는가 아래로 향하는가 하는 차이가 있을 뿐이다. 그러므로 스핀을 나타내는 데는 화살표로, 예컨대 ↑를 양의 방향, ↓를 음의 방향이라 하기도 한다.

원자는 전자가 몇 개 모인 것이므로 사정은 다소 복잡하다. 막대자석의 세기는 전자 1개일 때보다 큰 경우가 많다. 그 방향도 반드시 하나(방향으로 말하면 둘)가 아니고, 세 방향, 다섯 방향 또는 일곱 방향을 취할 수 있는 것도 있다.

양성자와 중성자, 또는 그 집합체인 원자핵도 스핀을 가진다. 광자(빛을 입자로 본 것)도 소립자인데 이것은 마침 스핀의 효과가 없어진 것이라 생각하면 된다.

왜 소립자는 스핀을 가지고, 또 특정 방향으로만 향하는가 물어도 그것이 자연계 법칙이므로 별수 없다고 대답할 수밖에 없다. 마침 마이너스 전하를 가진 것을 아무리 작게 해도 최종적으로는 전자가 되어 버려 그보다 작게 할 수 없는 것과 마찬가지로, 이는 자연계에서의 기본적 성질이다. 전자자석(스핀)을 비스듬히 향하게 하는 것은 전자를 반으로 한, 입자를 생각하는 것과 마찬가지로 억지이다. 전하와 질량에 최소 단위를 인정한다면(즉 전하와 질량은 연속적이지 않고 결국 띄엄띄엄한 값이 된다는 것을 승인하면) 전자자석의 방향도, 가령 남향과 북향만이라는 것도 인정해야 한다. 즉 방향도 질량과 전하처럼 띄엄띄엄한 값뿐이다(이러한 현상을 방향이 양자화되었다고 한다).

이것은 양자론적인 생각에서 유도되는 사항이며 통계역학은 이러한 양자론적 결과를 용인함으로써 이룩되는 학문이다. 그러므로 전자자석의 방향은 위와 아래밖에 없다는 것을 억지로라도 인정하기로 하자.

그럼 전자 스핀의 방향이 위로 향한 것인가 아래로 향한 것인가에 대한 확률론을 생각해 보자.

상쇄

간단하게 전자는 4개뿐이라 하자. 전기장은 존재하지 않는다 하고, 또 전자끼리의 상호작용(이웃끼리의 영향)도 없다고 하자. 그러면 스핀은 위를 향해도 에너지적으로는 변함이 없다. 1개의 스핀은 전적으로 50%의 확률로 위와 아래로 향한다.

4개의 스핀이 취하는 조합을 그려 보면 〈그림 4-6〉처럼 16개의 다른 방법이 있다. 상태 1은 전부가 위로 향하고, 고체(라고 해도 전자자석은 4개밖에 없다)는 위로 향한 자석이 된다. 반대로 상태 16에서는 아래로 향한 자석이 된다(고체의 자성은 스핀의 자성이 맞아서 만들어진다. 확률은 각각 1/16).

상태 2에서 5까지의 네 가지는 전체적으로는 약한 위로 향

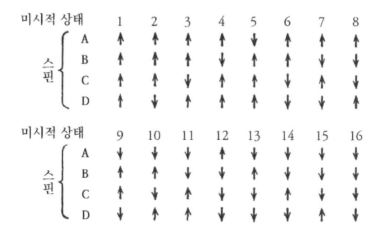

〈그림 4-6〉 4개의 스핀에 의한 16가지 조합

한 자석이 된다. 12, 13, 14, 15의 네 가지도 약한, 아래로 향한 자석이 된다(확률은 각각 4/16). 6에서 11까지의 여섯 가지에서는 고체는 자석이 되지 않는다(확률은 6/16). 이렇게 생각하면 겨우 4개의 스핀인 경우에조차 거기에 특별한 힘이 존재하지 않는 한 자성은 큰 확률로 상쇄된다는 것을 알 수 있다.

고체 속에 든 원자나 전자의 수는 막대하다. 예를 들면 손바닥에 얹을 만한 금속을 생각한 경우 모든 스핀이 같은 방향이 되는 방법은 한 가지인 데 비하여 반이 위, 다른 반이 아래 방향이 되는 방법은 1000⋯⋯으로 1 다음에 0 이 10^{23}개나 붙는다. 단순히 23개가 아니고 10^{23}개이다. 정신이 아찔할 정도의 수가 된다. 우주의 크기를 ㎜ 단위로 나타낸 것보다 훨씬 크다. 그러므로 보통 물질에서는 그저 내버려 두었는데도 갑자기 자석이 되어버렸다는 일은 생각할 수 없다.

에너지의 개입

그런데 세상에는 자석이 있다. 고체가(실제로 액체나 기체도 아주 미약한 자석이 될 수 있다) 자석이 되는 것은 두 가지 이유로 나눠서 생각할 수 있다.

(a) 자기장을 걸었을 때(즉 강한 자석을 옆에 가져갔을 때) 약한 자석이 되는 것을 상자성체(常磁性休)라고 하며 백금, 알루미늄, 팔라듐 등이 있는데 보통 자석에 의해 끌릴 만큼 강한 자성을 가지는 일은 없다.

(b) 자기장이 자석이 없어도 되는 것. 원소로서는 철, 니켈, 코발트가 있는데 그밖에 KS강, MT강, MK강 등으로 불리는 특수 합금이 있다. 이들을 강자성체라 부른다.

더 정확하게 분류하면 자기장 속에서 상자성과는 반대 방향으로 자화되는 물질도 있다. 은, 구리, 비스무트 등이 그렇고, 반자성체라 한다. 그러나 자력이 약하여 자석을 가까이 대도 반발하는 일이 없다.

왜 (a)처럼 어떤 종류의 물질은 자기장을 걸면 자석이 되는가? 스핀이 자기장과 같은 방향으로 되는 편이 에너지가 낮아지기 때문이다.

(b)의 철 등에서는 스핀과 스핀 사이에 상호작용이 있다. 이웃에 있는 것이 위로 향하면 자기도 위로 향하려 한다. 즉 같은 방향으로 배열된 편이 에너지가 낮다. 이렇게 강자성체에서는 자석이 되기 위해서는 조합수뿐 아니라 에너지가 얽힌다.

「에너지」와 「조합수」를 어떻게 절충해 가는가는 합금의 경우에서도 조금 얘기했는데 다음 장에서 자세히 말하겠다.

이야기는 조금 달라지지만, 만일 금속 속에 맥스웰의 도깨비가 살고 있다면 어떻게 되는가?

그들은 보통 물질을 강한 자성체로 만들 수 있다. (상자성체에서는) 스핀은 어디를 향하든 에너지는 같으므로 모두 일정한 방향으로 배열된다. 어느 스핀이 반대 방향으로 향하려 하면 못 하게 말리면 된다. 스핀은 굳이 반대 방향이 되려고 하지 않는다.

그러나 일정 온도인 채로, 더욱이 외부로부터 열을 얻는 일이 없이 자기장 속의 상자성체나 자석이 된 철 등의 자성을 도깨비들은 지우지 못한다. 스핀은 같은 방향으로 배열되는 쪽이 (나중에 말하겠지만 자기장 속의 상자성에서는 어느 정도 같은 방향으로 되어 있고, 강자성에서는 완전하게 같은 방향으로 배열되었다고 생각해도 된다) 소유하는 에너지가 낮기 때문이다.

말했듯이 맥스웰의 도깨비에게는 힘이 없다. 그들이 가진 독자적인 힘으로 입자의 에너지를 높이는 것은 불가능하다. 그들이 할 수 있는 일은 물질을 배열하는 것뿐, 바꿔 말해 물질을 작은 확률 상태로 할 수 있을 뿐이다.

V. 왜 공기는 쌓이지 않는가

허공에 뜨는 공기

공을 공중에서 놓으면 땅에 떨어진다. 돌이든 쇳덩어리든 솜이든 받치는 것이 없으면 공중에 뜰 수 없다. 바람과 상승기류가 없으면 새의 깃털이라도 아래로 떨어진다. 더 작은 빗방울과 눈송이조차도 마치 서로 다투는 것처럼 먼 하늘로부터 땅에 떨어진다.

그런데 공기 분자는 왜 눈송이처럼 내려서 땅에 쌓이지 않는가? 분자는 가볍기 때문이라고 할지 모르겠으나 아무리 가벼워도 무게는 0이 아니다. 따라서 그것은 중력에 끌려 지상에 낙하해야 한다.

그것은 아르키메데스의 부력 원리로 떠 있다고 반론할지 모른다. 눈앞의 공간에 있는 일정 부피의 공기를 상상해 보자(무게가 없는 비닐봉지에 채워졌다고 가정해도 된다). 액체의 경우와 마찬가지로 그것은 주위의 기체(공기)로부터 부력을 받고, 다시 그 부력이 중력과 균형을 이루므로 낙하하지 않는다.

그러나 공기 분자 하나하나는 실은 진공 중에 있는 입자이다. 그렇다면, 왜 그 입자가 진공 중에 떠 있고 중력의 법칙에 따라 땅에 떨어지는 일이 없는가?

공기 분자는 낙하하지만 도중에서 아래에 있는 공기 분자와 충돌하여 다시 위로 올라간다고 주장할지 모르겠다. 그러나 위에 올라가도 다시 같은 정도의 충돌이 있을 것이며, 시간이 지나면 공기층 전체가 점차 아래로 쌓인다고 생각되지 않을까? 그런데 지금보다 옛날이 공기가 희박했었다는 노인들의 얘기도 들은 적이 없고, 언젠가는 지구의 공기층이 꽁꽁 얼어붙을 것이라고 정색하며 말하는 사람도 없다.

　문제는 다시 다른 형태로 제기된다. 질소와 산소 외에도 이 세상에는 많은 종류의 원자나 분자가 있다. 그러나 공중에 부유하는 것은 질소와 산소, 또는 이산화탄소와 아르곤과 수소같이 한정된 것뿐이다. 금과 은, 탄소와 철 등이 공중에 떠다니는 일은 왜 없는가? 원자 무게를 비교하면 탄소는 산소나 질소보다 가벼울 것이다. 그러나 탄소가 공중에 떠다녀 심호흡하였더니 폐에 들어갔다는 이야기는 들은 적이 없다(물론 굴뚝 위나 탄갱 속에는 탄소량이 상당히 많지만 그때의 탄소는 원자 정도 크기가 아니고 훨씬 더 큰 덩어리가 되어(1㎜보다는 작지만) 공간에 날아다닌다).

공기 분자는 하늘 높이 떠오른다

　물체가 떨어진다는 것을 좀더 캐 들어가 보자. 물체는 높은 곳에 있으면 위치에너지가 크고, 낮은 곳에 있으면 작다. 그리하여 받치는 것이 없으면 물체는 위치에너지를 줄이려 한다. 그 때문에 지구 주위에서는 낙하라는 현상이 일어난다. 큰 위치에너지를 작게 하려는 것은 낙하현상에서만 일어나는 일이 아니다. 늘어난 고무줄과 용수철은 줄어들려 하고 끌어당긴 활을 놓으면 금방 제자리로 돌아간다.

　이렇게 생각하면 자연계에 존재하는 것은 받침이 없는 한 항상 위치에너지가 감소되는 방향으로 향하고 있는 것같이 생각된다. 그렇다고 하면 공기 분자는 역시 땅에 쌓여야 마땅하다.

　여기서 2장의 결론인 「많은 입자로 된 체계에서는 입자의 조합수가 가장 많은 상태가 실현된다」는 것을 다시 상기하기 바란다. 상자 속 기체 분자의 예에서 앞에서는 상자를 좌우 둘로 나눠 생각했는데, 이번에는 길쭉한 용기 속에 같은 부피의 작은 방을 10개 만들었다고 가정해 보자. 이 용기를 상하 방향으로 세워 놓는다. 이 속에 가령 10개의 구슬이 들었다고 하자. 위치에너지를 전적으로 도외시한 경우 10개의 구슬은 10개의 방에 각각 어떻게 들어갈까?

아래로부터 세 번째 방에 9개가 들어가고 나머지 1개는 위로부터 두 번째에 들어간다거나, 6개가 아래로부터 네 번째 방에, 4개가 위로부터 세 번째라든가, 그 밖에 갖가지 경우를 생각할 수 있을 것이다.

기호를 쓰는 계산

너무 깊이 생각하면 혼란이 올지 모르므로 다음 두 가지 극단적인 예를 비교해 보자.

① 10개 전부가 맨 아래 방에 들어간다.

② 각 방에 1개씩 들어간다.

①의 경우에 가능성은 한 가지이다. ②의 경우는 어느 방에 어느 구슬이 들어가는가 하는 조합수가 대단히 많다. 윗방부터 순차적으로 구슬 A, B, C 등을 넣는 데 A, B, C, …… 또는 B, A, C, …… 또는 C, A, B, …… 등 갖가지 경우를 생각할 수 있다. 4매의 화투에서 2매가 앞이 되는 경우는 여섯 가지인데 10개의 구슬을 10개의 방에 넣는 경우는

$$10 \times 9 \times 8 \times 7 \times 6 \times 5 \times 4 \times 3 \times 2 \times 1 = 3,628,800$$

이라는 큰 수가 된다.

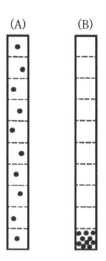

〈그림 5-1〉 길쭉한 상자 속의 기체 분자
(A)는 확률 및 에너지 모두 (B)보다 크다

  맨 윗방에는 10개의 구슬 가운데 어느 것이 들어가도 이것
이 10가지, 그중 한 가지에 대해여 두 번째 방에는 나머지 9
개의 구슬 가운데 어느 것이 들어가도 되므로 9가지(따라서 여
기까지가 10×9가지), 다시 이 9가지에 대하여 다음 방에는 8
가지(여기까지가 10×9×8가지)라고 생각되고, 전체의 경우는
이들을 곱하여 360만 남짓 된다. 1에서 10까지 곱한 기호를
「10!」이라고 쓰고 이것을 10의 계승이라 부른다. 이렇게 배치
된 수를 수학에서는 순열이라 한다.
  만일 상자 속 구슬이 높은 곳에 있든 낮은 장소에 있든 에너
지 차이가 없다면 구슬은 한 방에 모이기보다는 10개 방에 1
개씩 나눠진다. 균등하게 나눠지는 편이 몰리는 것보다도 훨씬
큰 확률을 가지기 때문이다.

　기체 분자는 구슬과 달라 「개똥이」나 「떡쇠」 같은 개성을 갖지 않으므로 똑같이 논할 수는 없지만, 경우의 수의 다소를 이해하는 데는 구슬의 예와 같이 생각해도 나쁘지 않을 것이다. 따라서 에너지를 무시하면 기체 분자가 지상에 쌓이는(구슬이 전부 맨 아랫방에 들어감과 같다) 것은 많은 화투가 우연히 전부 앞이 나오는 것과 같이 어려운 일이다. 분자가 상공에까지 같은 밀도로 부유하는 경우가 훨씬 실현되기 쉽다.

　물론 공간은 용기와 달리 천장이 없다. 위치에너지를 생각하지 않으면(지구가 공기 분자를 자기 쪽으로 끄는 일이 없다면) 공기는 고른 밀도가 되어 대단히 높이 올라가 지구 표면은 거의 진공이 되어 버릴 것이다.

다시 타협할 문제

　합금의 경우와 마찬가지로 여기서도 모순되는 두 가지 사항에 부딪친다.

① 공기 분자는 될 수 있는 대로 위치에너지를 작게 하고 싶어 한다. 그 때문에 지상에 쌓이는 것이 최상책이다.

② 많은 입자로 되어 있는 체계는 실현되는 확률이 가장 큰 상태가 되려 한다. 그러기 위해서는 공기 분자는 대단히 엷게 고른 밀도로 훨씬 상공까지 퍼지는 것이 바람직하다.

　공기 분자는 이 두 법칙 사이에 낀다. 이쪽 체면을 세워 주면 저쪽이 곤란해져서 결국 두 법칙의 체면을 세워, 쌓이지도 않고 그렇다고 해서 상공까지 고르게 될 수도 없고 실제 관측되는 것같이 아래쪽은 진하고, 위는 엷게 분포하게 된다.

금이 기체가 되지 않는 까닭

질소나 산소 분자의 분포는 납득이 가지만, 그럼 왜 금과 철과 탄소의 원자는 기체가 되지 않는가? 금 원자나 철 원자는 질소나 산소에 비해 무겁기 때문일까? 무겁다는 것은 지상에서 덩어리가 되는 이유는 못 된다. 무겁다고 해도 원자는 원자에 지나지 않는다.

확실히 그렇다. 입자가 만일 무거우면 아래는 대단히 진하고, 위는 아주 엷어지지만 역시 공간에 분포해야 한다. 그럼 철과 탄소가 기체가 되지 않는 것에는 다른 이유가 있는가?

철이나 탄소 원자 사이에는 강한 에너지가 있다는 것을 잊어서는 안 된다. 금과 철과 탄소 등의 원자끼리는 산소 분자나 질소 분자에 비해 엄청나게 강하게 결합되어 있다. 2개의 원자가 강하게 결합될(이것을 화학적으로 결합되었다고 한다) 때는 둘 사이에 부호는 마이너스가 되고 절댓값이 큰 에너지가 존재하게 된다. 더욱이 철이나 탄소는 눈사람처럼 얼마든지 많은 원자를 줄줄이 꿰차는 능력을 가지고 있다.

확실히 원자가 상공까지 올라가는 것은 확률이 그만큼 크고, 그런 뜻에서는 출현하기 쉽다. 그런데 금과 탄소 원자가 모이면 위치에너지가 훨씬 낮아진다. 확률은 작아지지만 이젠 그것은 문제가 안 된다. 철이든 탄소든 고체와 액체를 만드는 원자(또는 분자)는 모두 서로 밀집하여 에너지를 작게(수치적으로는 마이너스로 절댓값을 크게) 하는 쪽이 득이 되기 때문이다. 즉 현실적으로는 확률적 요소는 거의 무시되고 에너지가 이긴다.

이리하여 금, 철, 탄소 등은 크나큰 덩어리가 된다. 원자 정도라면 몰라도 충분히 눈에 보일 정도의 고체라면, 설사 그것이 몇백 개의 덩어리로 되어 있더라도 몇 %가 공중에 뜨는 일은 일어나지 않는다. 큰 물체가 상승하면 위치에너지는 너무 커지기 때문이다.

질소, 산소, 수소 등의 원자는 서로 2개씩 굳게 결합되어 각각 N_2, O_2, H_2가 된다. 그런데 N_2끼리나 O_2끼리 접근시켜도 그다지 에너지는 내려가지 않는다. 알기 쉽게 말하면 이들 분자끼리의 인력은 대단히 약하다. 그러므로 집합하기보다 차라리 떨어지기 쉽게 되고 상공에 높이 올라가 확률을 크게 한다.

속임수 화투

에너지와 조합수가 뒤섞일 때 어디서 타협점을 찾는가를 일반적 방법으로 생각해 보자. 합금 문제도, 자석도, 기체 분자도 결국은 다음에 얘기하는 속임수 화투 얘기가 된다.

화투 뒤에 납판을 붙였다 하고 화투 두께는 납과 화투를 합친 것이라 하자. 이런 화투를 1,000장 만들어 바람 부는 날에 넓은 곳에 뿌렸다고 하면 화투는 바람에 날려 뒤집히거나 엎어진다. 바람에 날린 화투 1,000매 중에서 어느 순간에는 몇 장이 뒤집힐까?

바람이 없을 때와 마찬가지로 500장 정도가 뒤집힐까? 그렇지는 않다. 뒤쪽은 납이므로 화투 자체는 어느 쪽인가 하면 앞이 나오고 싶어 할 것이다. 이런 경우 우리가 알고 있는 지식은 앞이 나오는 경우와 뒤집힐 때 화투의 위치에너지의 차이이다. 위치에너지란 일반적으로 말해 질량(m)과 중력가속도(g)와 높이(h)를 곱하여

$$E = mgh$$

바람의 세기가 문제!

로 나타낸다.

화투가 앞면일 때는 무게중심이 낮고 뒤집히면 중심이 높다. 그러므로 지금 뒤인 경우와 앞인 경우의 무게중심 차이(화투는 얇으므로 차이는 그다지 크지 않겠지만……. 물론 무게중심 차는 화투 두께보다 작다)를 h라고 생각하면 그때는 앞 식의 E 자체가 앞이 되는 경우와 뒤집히는 경우의 에너지 차를 나타내게 된다.

에너지 차 E가 크면 위치에너지가 비교적 작은 앞은 상당히 나오기 쉽고, 위치에너지가 큰 뒤집힌 화투는 수가 작다. E가 작으면 앞과 뒤의 매수는 그다지 다르지 않다.

그런데 유감스럽게도 E 값만 안다고 해서 1,000장 중의 몇 장이 앞이 되는가는 알 수 없다. 여기서 또 하나의 요소인 바람의 세기가 문제 된다. 에너지 차 E를 이미 안다고 하자. 앞이 뒤보다 나오기 쉬운 것은 틀림없다. 그런데 바람이 아주 셀 때에는 앞과 뒤의 매수 차가 아주 가까워진다.

왜 앞이 나오기 쉬운가 한번 생각해 보자. 뒤집혀 앞이 나오기는 비교적 쉽지만, 앞을 엎어서 뒤집는 것은 어렵기 때문이다. 이 일은 바람이 한다. 강풍이 불면 일이 쉽든 어렵든 자꾸자꾸 뒤집힌다. 아주 센 태풍이 불면 작은 집도 큰 집도 구별이 없고 에너지 차는 희미해진다. 반대로 바람이 약하면 앞이 많고 뒤집힌 것이 적다. 큰 집은 안전하고 판잣집만 피해를 입는다.

아무런 장치도 하지 않은 화투는 바람에 날려 앞뒤가 반반이 되었는데(가장 조합수가 큰 상태가 되었는데) 속임수 화투는 결국 다음과 같이 된다.

① 에너지 차가 클수록 저에너지의 개체는 많고, 고에너지의 개체는 적어진다.

② 바람이 셀수록 고저 두 에너지의 개체 수의 차는 작아진다.

자석과 속임수 화투

속임수 화투 문제는 자기장 속에 있는 스핀(작은 막대자석) 얘기와 같다. 이때 바람에 해당하는 것은 고체의 온도(T, 물론 절대온도)이다.

얘기를 간단히 하기 위해 전자를 생각해 보자. 전자가 갖는

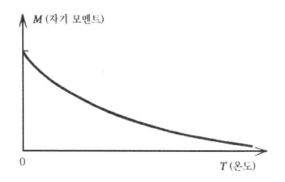

〈그림 5-2〉 자기장이 일정할 때 금속의 자기 모멘트
(자기장과 같은 방향의 스핀과 반대 방향의 스핀과의 차)

자기 모멘트(자기량과 음양의 자기 사이의 거리를 곱한 것)의 크기는 알고 있고

$$\mu = 0.927 \times 10^{-20} \text{ 에르그/가우스}$$

라는 값이 된다. 그러나 에르그(erg, 에너지 단위)나, 가우스(gauss, 자기장의 세기를 나타내는 단위)라고 해도 감각적으로는 짐작이 가지 않는다. 아무튼 대단히 작은 막대자석이라 생각하면 된다. 또 μ 값을 마이너스로 정의한 책도 있는데, 여기서는 플러스라고 생각하자.

여기에 자기장(H)이 작용하면 앞에서 얘기한 것같이 전자 스핀은 자기장과 같은 방향이 되거나 또는 반대 방향이 된다. 같은 방향이라면 스핀이 갖는 자기에너지는 $-\mu H$이며 반대 방향이라면 μH가 된다. 즉 반대 방향일 때 위치에너지(정확하게는 자기에너지라 해야 하는데, 역학에서 말하는 위치에너지와 같

138

다고 생각하면 된다)가 $2\mu H$만큼 높다. 마치 속임수 화투에서 앞면이 나오는 것보다 뒷면이 나오는 쪽이 mgh(h는 중심 높이의 차)만큼 위치에너지가 큰 것과 똑같은 사정으로 된다.

그런데 어느 고체 전체로서의 자기 모멘트(자석으로서의 세기)는 자기장과 같은 방향의 스핀과 반대 방향 스핀의 차가 된다. 반대 방향끼리 하나하나 상쇄되고 거스름돈이 남는 셈이다. 그러므로 고체 전체의 자기 모멘트만 측정해 보면 전체의 몇 %의 스핀이 자기장과 같은 방향으로 되었는가를 곧 알게 된다.

처음에 자기장(H)은 일정하게 해 두고 온도(T)를 바꾸면서 고체 스핀을 조사해 가면 〈그림 5-2〉와 같이 된다. 고온일수록 고체의 자성은 작다. 즉 온도가 높을수록 두 방향의 스핀 수는 들어맞는다. 다음에는 온도(T)를 정해 두고 자기장(H)을 바꿔 본다. 당연한 일이겠지만 〈그림 5-3〉처럼 H가 클수록 고체의 자성은 강해진다.

볼츠만 인자

열역학은 19세기경부터 상당히 연구되었는데, 19세기 후반부터 20세기 초에 걸쳐 분자나 원자 개념이 확립됨과 더불어 열적 현상을 다립자(多粒子)의 집단적 행동으로 설명하려는 경향이 높아졌다. 이것이 통계역학이었고, 그 개척자로서는 맨 먼저 볼츠만(1844~1906)의 이름을 들어야 하겠다.

그는 음악의 수도 오스트리아의 빈에서 태어나 뮌헨대학, 빈대학 등의 교수를 지내면서 이름을 떨쳤는데, 열적 현상은 일방적으로 진행하여 역행하지 않는다는, 이른바 비가역 과정은 원자 또는 분자 입장으로 설명되어야 한다고 시종 강조하였다.

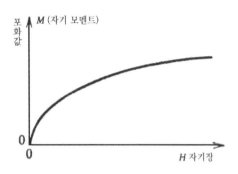

〈그림 5-3〉 온도가 일정할 때의 금속 자기 모멘트

자연계에는 에너지론 외에도 확률적 법칙이 존재한다는 것을 주장한 것으로, 이 법칙을 그대로 우주에 적용하면 서장에서 말한 것처럼 우주는 열적 종말을 맞이하게 된다.

너무도 비관적인 우주의 열적 멸망에 대해 비관하였는가 어떤가는 확실하지 않지만, 그는 만년에 쇼펜하우어의 염세적인 철학에 영향을 받아 열역학, 통계역학 연구자로서 업적을 많이 남긴 생애를 이국의 호텔 방에서 자살로 끝마쳤다.

이야기가 비약하지만, 보일-샤를 법칙 pV=RT의 좌변은 기체를 유체역학적으로 생각한 에너지, 우변은 열적인 의미에서의 에너지라 말할 수 있다. 다만 이 식은 분자의 수가 $N=6 \times 10^{23}$개(이것을 아보가드로수라 한다)라는 대단히 큰 수일 때의 관계를 나타낸다. 이것을 입자 1개당 에너지로 환산하면 R을 N으로 나눈 값 k를 써서 우변은 kT로 해야 한다. 따라서 kT가 입자 1개당 열적 에너지(3장에서 입자가 1개나 2개였다면 열은 정의할 수 없다고 말했는데 어디까지나 환산이라는 뜻으로)라고 생각해도 된다.

열적 종말에 비관했었는가?

이런 생각은 볼츠만에 의하여 추진되고 이것과 온도의 곱이
에너지가 되는 상수

k = 1.38^{-16} 에르그/도

를 볼츠만 상수라 한다.

kT라는 에너지 단위를 써서 자기장(H) 속의 위와 아래로 향
한 스핀 수의 비율을 앞에서 보인 그래프로부터 연구해 보면

$$\frac{(\text{자기장과 반대 방향의 스핀 수})}{(\text{자기장과 같은 방향의 스핀 수})} = \frac{1}{e^{2\mu H/kT}} = e^{-2\mu H/kT}$$

라는, 다소 까다로운 식이 되는 것이 밝혀졌다. e란 자연로그
의 밑으로 그 값은 e=2.7182818……라는 어디까지 써도 다
쓸 수 없는 수, 즉 무리수이다. k라는 상수를 써서 식을 쓰는
한 아무래도 이러한 어중간한 수가 되지 않을 수 없다.

자석의 경우만이 아니라 어떤 체계에서도 에너지가 0인 미시
적 상태에 있는 입자 수와 E라는 에너지 준위에 있는 입자 수
의 비는

$e^{-E/kT}$

가 되는 것이 증명되었다. E가 플러스(즉 기준 상태보다도 높
은 에너지)라면 이 값은 1보다 작다. 에너지(E)와 체계의 온도
(T)에 의해 나타낸 이 식을 볼츠만 인자라 한다. 속임수 화투
예로 말하면 이 인자는 뒤가 나올 확률(앞이 나오는 확률에 비
하여. 따라서 뒤는 나오기 어렵다)이라고 생각하면 된다.

이 인자에 따라 자기장 속의 스핀 개수를 그리면 〈그림
5-4〉처럼 된다. 고체 온도를 올려 가면 어떻게 되는가, 또는

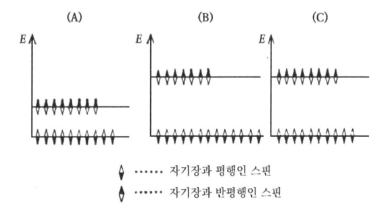

<그림 5-4> 자기장 속의 스핀 수. (A)는 2개의 준위(차는 $2\mu H$)에 있는 스핀 수, (B)는 자기장이 세졌을 때, (C)는 다시 온도가 상승한 경우

자기장을 세게 하면 분포는 어떻게 변하는가는 이제까지 한 얘기와 대조하면 알기 쉽다. 또 대기의 공기 밀도는 상공으로 갈수록(위치에너지(E)가 커질수록) 엷어지는데 그 분포는 볼츠만 인자에 가까운 형태가 된다. 다만 상공으로 가면 T가 낮아지므로 고공의 기압을 계산할 때에는 그것도 고려에 넣어야 한다.

온도란 고체가 분포한 모습

속임수 화투와 자기장 속의 스핀에서는 에너지 준위가 2개밖에 없지만, 일반적으로 개체가 취할 수 있는 에너지 준위는 대단히(대부분의 경우 무한히) 많다. 단진동을 하는 원자의 에너지는 그 진동수를 ν라 하면 $h\nu$(h는 플랑크 상수)의 0.5배, 1.5배, 2.5배로 띄엄띄엄한 값이 되는 것이 양자론으로 알려졌다.

가령 같은 진동수로 단진동하는 많은 원자가 금속 속에 있다

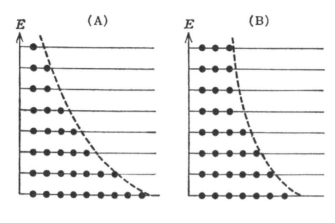

〈그림 5-5〉 저온(A)과 고온(B)

고 하자. 이때 전체의 몇 % 정도가 최저 에너지 준위($h\nu$의 0.5배)에 있고, 1.5배의 것은 얼마이며, 또 2.5배의 것은 몇 % 정도 되는가? 이것은 금속의 온도에 의해 정해진다. 저온이면 아래 준위가 많고, 고온이면 위의 준위에도 상당히 올라간다. 이 비율은 통계역학 계산에 의해 정확하게 결정된다.

반대로 생각하면 온도란 체계 속의 많은 개체(예컨대 분자)의 분포의 모습이라 할 수 있다. 온도를 처음에는 우리 피부에 느껴지는 뜨거움, 차가움의 정도로서 극히 소박하게 생각해 보았다. 다음에는 물질이 팽창해 가는 것이라 하고 정의를 시각적으로 하였다. 그다음에는 온도란 분자나 원자가 활발히 움직이는 것이라 생각했다. 이것은 미시적 입장에서의 관점이다.

여기서는 다시 온도란 개체가 에너지의 각 준위로 분포한 상태라고 하였다. 통계역학적인 정의이다. 저온이란 것은 에너지가 낮은 준위에 많은 개체가 있다는 것이고, 고온이란 높은 준위에까지 개체가 올라간 상태를 말한다(그림 5-5).

이렇게 「온도」의 내용은 점차 변해 왔는데 결코 모순되지 않는다. 단순한 감각에서 떠나 차츰 일반적으로 되었기 때문이다.

세 가지 입자

지금까지 「조합수」를 계산할 때 입자 A와 입자 B같이 하나하나의 입자를 개성을 가진 것으로 취급해 왔다. 그런데 분자도 원자도 전자도, 즉 모든 소립자는 개똥이 입자, 떡쇠 입자라고 특징적으로 구별할 수 없다.

이렇게 생각하고 계산해 보면 에너지가 E인 입자 수는 실은 볼츠만 인자와는 조금 달라진다. 단지 개성을 생각하지 않는 통계(이것을 양자통계라고 한다)에는 두 가지 경우가 있고, 그 중 하나는 어느 한 미시 상태에는 1개의 입자만이 들어간다는 제한된 것으로(이 제한을 파울리의 배타원리라 한다) 이것을 「페르미-디랙 통계」라 부른다. 다른 하나는 이런 제한이 없고 「보스-아인슈타인 통계」라 한다. 그러므로 통계는 다음과 같이 세 종류로 나뉜다.

고전통계: 맥스웰-볼츠만 통계

양자통계: 페르미-디랙 통계

보스-아인슈타인 통계

전자, 양성자, 중성자, 뮤 중간자 등 많은 소립자는 페르미-디랙 통계에 따른다. 이에 대해 광자나 파이 중간자, 또는 α 입자같은 짝수 개의 복합 입자(α 입자란 헬륨 원자핵을 말하며 2개의 양성자와 2개의 중성자로 구성되었다)는 보스-아인슈타인 통계에 따른다. 어느 통계에 따르는가는 그 입자가 갖는 본래의 성질에 의한다.

다만 기체 분자같이 비교적 질량이 큰 입자(분자는 전자에 비해 몇천 배 또는 몇만 배나 무겁다)는 고전통계로 충분하다. 원래는 어떤 개체라도 양자통계에 따르는데 고온인 경우와 질량이 클 때에는 고전통계로 근사해진다.

양자통계에서 어떤 준위에 입자가 존재하는 확률을 가령 1이라 하면 그보다도 E만큼 에너지가 높은 준위에서 입자를 발견하는 확률은

페르미 – 디랙 통계 $$\frac{1}{Ae^{E/kT} + 1}$$

보스 – 아인슈타인 통계 $$\frac{1}{A' e^{E/kT} - 1}$$

이라는 식이 됨이 알려졌다. A와 A′는 연구 대상에 따라 각각의 경우에 대응하여 정해지는 정수이다. 고전통계에 비해(상수 인자는 별도로 치고) 분모에 (+1)과 (–1)이 들어가 있는 점이 다르다.

양자통계라면

맥스웰과 볼츠만에 대해서는 앞에서 소개하였다.

보스는 인도의 물리학자이며, 아인슈타인은 상대론으로 유명하다. 아인슈타인이라면 누구나 상대론을 생각하는데 그 밖에도 콜로이드 입자의 열적 운동 이론과 고분자 용액의 점성 계산, 또 고체 비열 연구 등 물성론 분야에서도 많은 업적을 남겼다. 1921년에 노벨상을 수상하였는데, 대상이 된 연구 업적은 상대론이 아니고 광전 효과(빛이 금속에 부딪쳤을 때 전자

가 튀어나오는 현상)인 것은 뜻밖이다(노벨상은 이론에 대해서는 신중하게 평가한다).

페르미는 이탈리아의 원자물리학자로, 나중에 미국에 건너가 시카고대학에서 원자핵과 소립자론을 연구하였다.

디랙은 영국의 학자로 원자 세계를 해명하는 양자역학이 프랑스의 파동역학과 독일의 매트릭스역학으로 나뉘어 발전되던 것을 통일적으로 연구하였다. 또 양전자(보통 전자는 마이너스 전기를 가졌는데, 이와 반대로 플러스 전기를 가진 전자) 이론을 유도하였다.

금, 은 또는 구리 같은 금속에서는 많은 전자가 고체 속을 운동한다. 그러므로 전자의 위치는 금속 속에서 어디쯤에 있는지 알 수 없다. 그렇다면 전자 상태는 (그 위치가 아니고) 속도(정확하게 말하면 운동량)에 의해 구별할 수밖에 없다.

페르미-디랙 통계에서는 하나의 상태(하나의 일정한 속도)에는 한 입자(전자)밖에 들어가지 못한다. 따라서 대단히 온도가 낮은 금속이라도 많은 전자는 속도가 작은 상태로부터 순차적으로 채워져 가서 그중에는 상당한 속도로 달리는 것도 있다. 저온임에도 불구하고 입자 속도가 크다. 고전통계에서는 이런 일이 없었다. 다만 아무리 전자가 달려도 우로 가는 것과 좌로 가는 것이 같은 수이기 때문에 전압을 걸어 주지 않는 한 전류는 생기지 않는다.

한편 보스-아인슈타인 통계에서는 어느 온도 이하에서는 운동에너지가 없어지는 입자가 매우 증가한다는 기묘한 성질이 있다. 실제로 액체헬륨(헬륨 원자는 보스 통계에 따른다)은 $2.18°K$(4장에서 말한 λ점) 이하에서는 이 세상 것이라 생각하지 못할 기묘한 행동을 한다. 에너지 0의 원자가 증가하면 왜 이렇게 기묘하게 되는가? 그 이유는 확실하지 않다. 또 실제 원자와 원자 간의 상호작용도 있는 등으로 얘기가 복잡하게 되지만, 아무튼 액체헬륨에 상전이라는 현상이 있다는 것은 양자통계의 효과가 현실적으로 나타난 것이라고 해도 되겠다.

VI. 엉터리 세계

트럼프 맞추기 놀이

「여기에 세로, 가로 4장씩 합계 16장의 트럼프가 있네. 이 중에서 1장만 자네 머릿속에 점찍게.」

「그래, 점찍었네.」

「그것은 위쪽 반에 있는가?」

「그렇네.」

「그럼, 나머지에서 오른쪽 반에 있는가?」

「아니.」

「왼쪽 위 4장을 위와 아래로 나눠 위에 있는가?」

「아니.」

「나머지에서 오른쪽인가?」

「그래.」

「자네가 점찍은 것은 클로버의 10이군.」

별로 재미도 없는 이야기다. 이렇게까지 물어보면 맞는 것이 당연하다(그림 6-1). 얘기는 신통치 않지만 여기서 세 종류의 수치에 대해 생각해 보자.

① **카드의 수**   이것은 16장, 즉 처음에는 모르는 것이 16장이었다. 아무 예비지식도 없이 상대가 점찍은 것을 맞추려면 맞추는 확률은 16분의 1이다.

② **상대의 대답의 종류**   「예」와 「아니오」의 두 종류이다. 상대가 만일

「나는 하트가 좋다」

〈그림 6-1〉 트럼프 맞추기 놀이

「트럼프는 생각하지 않기로 했네」

와 같은 엉뚱한 정보를 제공한다면 얘기는 좀 달라지지만, 이 경우는 어디까지나 두 종류이다.

③ **질문 횟수**   이것은 4회이다. 16장의 카드에서는 일반적으로 하는 데는(상대의 눈 방향을 판단하거나, 상대의 심리까지 추구하여 연구하는 특수한 것이 아니라면) 4회의 질문이 필요하다.

이 3종류의 수치는

$$2^4 = 16$$

으로 관계된다(그림 6-2). 답은 어디까지나 「예」와 「아니오」 두 종류로 하고 질문 횟수를 n이라고 하면 맞출 수 있는 카드의

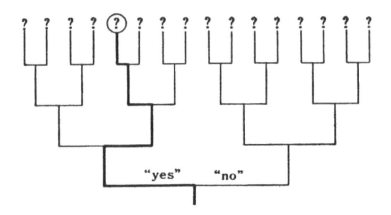

〈그림 6-2〉 몇 번 질문이 필요한가?

매수(W)는

$$W = 2^n$$

이다.

　전에 라디오 프로그램에 스무고개라는 것이 있었다. 질문에 대한 답은 「예」와 「아니오」 두 종류뿐이다. 맞추어야 할 대상물은 트럼프가 아니고 삼라만상이라도 좋다(물론 처음에 동물, 식물, 광물이라는 지정을 했다). 이렇게 20문을 빈틈없이 해 나가면 대체 얼마나 되는 개수의 대상물로부터 단 하나를 알아맞힐 수 있는가? 앞의 식의 n에 20을 대입하면 된다.

$$W = 2^{20} = 1,048,576$$

　무려 104만 개 이상의 모르는 것 가운데서 하나를 알아내는 셈이 된다.

비트란 양자택일의 다른 이름

4회의 질문으로는 16장의 카드 속에서 1장을 알아맞힐 수 있다. 이것을 반대로 말하면 16장에서 1장을 알아맞히는 데는 질문은 4회 필요하다는 것이다. 이것을 식으로 나타내려면 로그를 써서

$$\log_2 16 \ (= \log_2 2^4) = 4$$

이다. 좌변을 2를 밑으로 하는 16의 로그라고 한다. 2를 몇 제곱하면 16이 되는가? 그 몇 제곱의 「몇」을 나타내는 기호가 log이다. W와 n의 관계는 로그를 쓰면

$$n = \log_2 W$$

가 된다. 물론 $\log_2 (1,048,576) = 20$이다.

일반적으로 미시적 물리학에서도, 사회적인 정보 취급에서도, 미지수(W)는 막대하다. 1억이라든가 1조라든가 또는 더더욱 클지도 모른다. 미시적 물리학과 정보 이론에서는 W에 상당하는 수는 얼마인지가 가끔 문제가 된다. 사항이 확실할 때에는 W가 작은데 일반적인 경우에는 아주 커질 것이다. 이럴 때 큰 수를 일일이 쓰거나 계산한다는 것은 도저히 참을 수 없는 일이다.

그래서 정보량 등의 많음, 또는 분자나 원자를 대상으로 하였을 때 조합수의 많고 적음을 나타내는 데는 W를 직접 쓰지 않고 $\log_2 W$라는 수(앞의 n)를 사용하면 대단히 효과적이다. 정보 이론에서는 실제로 이것을 사용하여 $\log_2 W$를 엔트로피라고 하고, 단위를 비트라고 한다. 비트란 Binary Digit(2진법 수)를 줄인 것이다.

먼저 밑을 2로 하는 로그, 즉 정보학에서 사용하는 엔트로피를 생각해 보자.

정보적 엔트로피

4비트는 3비트보다도 정보량이 많고, 8.6비트는 5.6비트보다도 모르는 정도가 심하다. 이렇게 비트는 반드시 정수가 아니어도 된다.

$\log_2 1=0$이므로 0비트란 「확정적」이라는 뜻이며 $\log_2 2=1$이므로 1비트란 「양자택일(兩者擇一)」의 다른 이름이다.

정보량의 수가 1만이면 거의 13비트, 1억이면 거의 26비트, 1조라면 40비트 미만이다. 정보량이 아무리 많아도 엔트로피의 수로 고치면 아무것도 아니다.

100장의 카드의 엔트로피는 $\log_2 100$으로 약 6.6비트이다. 앞에서의 트럼프라면 「예」와 「아니오」로 맞추기 위해서는 질문 수는 6.6회가 필요하다는 것으로 이상하게 되겠지만 실제로는 많아도 7회의 질문으로 족하다는 것이다(운이 좋으면 6회로 될지 모른다). 카드가 3장이라면 약 1.58인데 잘하면 1회 질문해서 되고, 운이 나쁘면 2회 질문해야 됨을 쉽게 알 수 있다.

무엇을 알고 싶은가에 따라 비트가 변한다

엔트로피란 정보량의 로그라고 했는데 모르는 정도의 수에 대한 로그, 또는 얼마나 엉터리인가의 로그라고 표현해도 된다.

주사위를 던지는 데 대한 엔트로피는 얼마인가? 6개 면 중 어느 것이 나오는지 모르므로 $\log_2 6=2.58$로 2.58비트다.

그런데 주사위를 던져 홀수인지 짝수인지만 알고 싶다는 입

질문 수는 1.58회?

장이 되면 어떻게 될까? 또는 홀수 눈을 붉게 칠하고 짝수 면은 하얗게 칠하여 적색인가 백색인가 하는 얘기라면 엔트로피는 얼마라고 해야 할까?

이것은 5:5의 양자택일이다. 동전을 던져 앞인가 뒤인가 하는 것과 똑같이 생각해도 된다(설마 동전이 서는 일은 없을 것이다). 그러므로 $\log_2 2 = 1$로 1비트가 된다.

즉 주사위로 1, 3, 5면은 구별하지 않는다(또는 구별할 수 없다). 2, 4, 6에 대해서도 마찬가지라고 한다면 엔트로피는 감소한다. 그러므로 엔트로피를 구하는 문제에서는 「우리는 최종적으로 어디까지 알아야 하는가」 하는 것을 분명히 해야 한다.

확률에서 엔트로피로

붉은 구슬 1개와 흰 구슬 1개가 있다. 눈을 가리고 한 구슬을 집어 그 색을 맞출 때 모르는 정도는 얼마인가? 물론 적인가 백인가의 양자택일이므로 모르는 정도, 즉 엔트로피는 1비트이다. 붉은 구슬 100개와 흰 구슬 100개가 섞여 상자 속에 들었을 때 꺼낸 구슬 하나가 적인가 백인가를 모르는 정도도 마찬가지로 1비트이다.

그러면 붉은 구슬 800개와 흰 구슬 200개가 상자에 들어 있을 때, 눈을 가리고 꺼낸 구슬 하나가 붉은색인가 흰색인가 모르는 정도는 몇 비트인가? 1비트라고 해서는 안 된다. 5:5인 때보다도 8:2인 경우가 「모르는 정도」는 작다. 후자의 엔트로피가 작아야 한다.

이런 때에는 어떻게 계산하면 되는가? 여기서 확률과 물리학(엔트로피)은 확실히 결부된다(실은 물리적 엔트로피는 로그의 밑이 2가 아닌 e이지만).

적인가 백인가 하는 문제에 대해서는 적일 확률을 p_1, 백일 확률을 p_2라고 하면 적인가 백인가를 물을 때의 모르는 정도, 엔트로피는

$$- p_1 \log_2 p_1 - p_2 \log_2 p_2$$

가 된다. 마이너스가 붙으면 엔트로피가 음이 될 것 같은데, p 가 1보다 작으면 그 로그 $\log p$가 음이 되므로 그 머리에 마이 너스를 붙이면 오히려 전체는 양이 된다.

1,000 가운데 800과 200은 각각 확률이 $p_1=800/1000=4/5$, $p_2=200/1000=1/5$이므로

$$- \frac{4}{5} \log_2 \left(\frac{4}{5}\right) - \frac{1}{5} \log_2 \left(\frac{1}{5}\right) = 0.32 \cdots\cdots (\text{비트})$$

가 되어 양자택일인 경우보다도 엔트로피는 작다. 5:5보다도 좀 더 안다고 하겠다.

또 화투 4장(의 앞면과 뒷면)을 조합하는 방법은 16가지 있 는데(〈그림 4-6〉 참조), 이를 던져서 그 16가지 중의 몇 번째 조합이 나오는가 하는 문제라면 엔트로피는 $\log_2 16 = 4$이다. 그 러나 이때 뒷면이 나오는 수가 0(전부 앞면), 1, 2, 3, 4(전부 뒷면) 중 어느 것인가(예를 들면 1은 4가지인데 그것을 구별하 지 않는다. 그림 참조) 하면

$$- 2 \times \frac{1}{16} \log_2 \left(\frac{1}{16}\right) - 2 \times \frac{4}{16} \log_2 \left(\frac{4}{16}\right) - \frac{1}{16} \log_2 \left(\frac{6}{16}\right)$$

$$= 2.138 (\text{비트})$$

가 되어 모르는 정도는 감소한다.

또 다음에 간단한 예를 들겠다.

　*붉은 구슬 1, 흰 구슬 1, 푸른 구슬 1이면 1.585비트

　*붉은 구슬 2, 흰 구슬 1, 푸른 구슬 1이면 1.5비트

　*붉은 구슬 1, 흰 구슬 1, 푸른 구슬 1, 노란 구슬 1이면 2비트

　*붉은 구슬 4, 흰 구슬 1, 푸른 구슬 1, 노란 구슬 1, 보라 구슬 1이면 2.5비트

물리적 엔트로피

정보 이론에서의 엔트로피는 길이와 시간 또는 질량이라는 자연계의 양에 관계없는 단순한 수였다. 물리학에서는 모르는 정도, 또는 엉망인 정도라고 해도 이것을 에너지 등과 비교해 가야 한다.

여기서 5장의 바람에 뒤집히는 속임수 화투의 예로 되돌아가서, 어떤 온도(T)에서의 스핀의 예를 다시 생각해 보자.

지금까지 가끔 타협이라는 말로 처리해 왔는데 ① 위치에너지는 작고, ② 확률은 크고, ③ 또한 온도가 높을수록 「확률」 쪽이 강하게 작용한다는, 따져야만 할 제각각의 조건을 정확하게 하나의 식으로 나타내려는 연구가 진행되었다. 그 결과

　(에너지) − (온도) × (엔트로피)

라고 하면 물리 체계는 이 식을 가장 작게 하려 하는 것이라는 것을 알게 되었다. 이 식 전체를 자유에너지라 부르고 F로 나타낸다. 전 에너지(위치 및 운동의)는 E, 온도는 T, 엔트로피를

S라고 하면

F = E - TS

를 제일 작게 하려 하는 분자나 원자의 배치가, 앞에서 얘기한 볼츠만 인자에 의하여 나타낼 수 있다는 것이 알려졌다.

대뜸 이렇게 말해도 납득이 가지 않을지 모르나 식의 뜻은 뒤에 자세히 얘기하겠다. 먼저 S에 대해 생각하자.

물리학의 경우, 체계가 취할 수 있는 모든 미시적 상태의 수(스핀이 위로 향하든 아래로 향하든 반반이 되는 수(W)는 1 다음에 0이 10^{23}개가 된다)의 로그를 엔트로피로 취하여 이것을 앞 식 S의 위치에 두면 된다. 다만 S와 T를 곱한 것은 에너지와 같은 종류의 양이 되어야 하기 때문이다(그러지 않으면 배기가 안 된다). 한편 실제 현상과 맞추기 위해서 비례정수로서 열적 현상의 기본인 볼츠만의 상수를 사용하게 되었으며, 그렇게 하면 로그 밑은 2가 아닌 e가 되어 자연로그를 사용하게 된다.

이러한 연구 끝에 엔트로피

S = k logW

가 정의되었다(자연로그 때는 밑 e를 생략하기로 한다). 이 S의 뜻을 생각함으로써 자유에너지(F)란 어떤 것인가가 점점 밝혀진다. 이 식을 처음으로 설정한 것은 볼츠만이며 엔트로피를 이렇게 정해 주는 것을 볼츠만의 원리라 한다. 다만 엔트로피라는 말은 클라우지우스가 붙였다 한다.

엔트로피란 결국 체계 속의 입자의 상세한 상태의 다양성, 또는 모르는 정도, 무질서의 정도라고 생각하면 된다. 예를 들

면 합금 문제에서 A석에는 Cu가, B석에는 Zn이 앉았다면 W
는 아주 작지만(전적으로 규칙적이라면 W=1), 틀린 원자가 증
가하면 배치 방법인 W는 훨씬 증가하여 S는 커진다. 그때 우
리는 A석에 Cu가 있는지 Zn이 있는지 모르게 된다.

금이나 철도 기체가 된다

자유에너지 F=E-TS를 작게 하는 데는 E가 작을수록(마이너
스라면 절댓값은 큰 편이 좋다), 또 S가 클수록 좋다(TS는 빼
기가 되어 있기 때문). 그런데 S에는 T가 걸려 있는 것에 주의
해야 한다.

저온(T가 작다)이라면 S가 커져도 F 값에는 그다지 영향을
미치지 않는다. 따라서 F를 작게 하는 데는 E를 내리는 편이
효과적이다(물론 체계에는 에너지 출입이 있다고 한다). 그 때
문에 저온에서는 많은 체계가 E를 내려 규칙적으로 되고, 고온
에서는 F를 작게 하는 데에는 S를 크게 하는 것이 좋고 그 때
문에 불규칙하게 된다.

공기가 지상에 쌓이는 일은 없다지만 아주 저온이 되면 확률
항(-TS)을 작게 하는 것보다도(바꿔 말해 S를 크게 하는 것보
다는) E를 감소시키는 쪽으로 기울고 모두 지상에 쌓일 것이
다. 실제로 1기압에서는 공기가 거의 -190℃에서 액체가 된다.
다만 지표가 -190℃가 되면 공기가 모두 액체가 되는 것은 아
니다. 공기 중의 어느 정도가 액화하면 기압은 감소한다. 기압
이 감소하면 액화 온도(보통 말하는 끓는점)는 내려간다. 그러
므로 더 액화가 진행되려면 더 온도를 내려야 한다.

그러나 기체든 액체든, 또는 고체이든 자유에너지를 가장 작

게 하려는 경향에는 변함이 없다(기체인 경우에는 정확하게 말하면 압력이 관련되어 F+pV를 최소로 하려고 한다). T가 작으면 산소든 질소든 수소든 응결하여(공간적인 배치라는 뜻에서의 흩어짐을 희생으로 삼는다. 응결한다는 것은 규칙적으로 된다는 것이다) 액체가 되고, 다시 고체가 된다.

마찬가지로 생각하면 철이든 금이든 아주 고온이 되면 액화하고 결국 기체가 된다. 금속에서는 E는 마이너스로 절댓값이 큰 값인데 그래도 T가 커지면 E를 무시하여 S가 커지려 한다 (그 편이 효과적이기 때문에). 녹는점이 가장 높은 것 중 하나라는 텅스텐조차 3천수백 도에서 액화하고 4천수백 도에서 기체가 된다.

두 가지 현상을 유사하게 생각한다

기체 분자 문제 ②와 금속 중의 스핀 ①은 통계역학적으로 마찬가지로 생각할 수 있다는 것은 앞에서 알아봤다.

① 자기장 속의 상자성 스핀은 어느 정도 방향이 같다.

② 중력 중의 기체 분자는 아래쪽이 진하고 위쪽이 엷게 어느 정도 몰려 있다.

① 자기장을 없애면 스핀은 흩어진다.

② 가령 중력이 없어지면 기체 분자는 상공까지 아주 고르게 흩어진다.

이 사실은 바로 다음에 얘기하는 「저온을 얻는 방법」에 이용된다.

① 스핀 사이에 상호작용이 있을 때 항상 스핀은 나란하다. 이것

을 강자성이라 한다.

② 원자 간에 상호작용이 있다면 원자(또는 분자)는 액체 또는
고체가 된다.

이것으로 퀴리점은 끓는점 또는 승화점과 비슷하게 생각해도
된다.

또 철, 니켈, 코발트는 반드시 자석이 된다. 다만 자석으로서
의 유효 범위가 대단히 작고(예를 들면 0.1㎜나 0.01㎜) 이웃
영역의 자기화 방향과 어긋나 자석으로서의 성질이 상쇄된다. 다
만 자기장을 걸었을 때에는 모든 영역의 자기화 방향이 강제로
고르게 된다.

문틈에서 새는 바람

대기 온도보다도 뜨거운 물질은 그대로 두면 식는다. 열에너
지가 평균화한 것이며, 엔트로피가 증가한 것이다.

그런데 물질 온도를 대기보다 차게 하려면 거기에 얼마간 노
력이 필요해진다. 노력을 아끼지 않고 어떻게든지 훨씬 찬 것
을 만들고 싶다고 생각할 때는 어떻게 하면 되는가?

먼저 말한 것같이 기체 분자를 진공 상자 속에 넣으면 금방
퍼지고, 고른 스핀을 자유롭게 놓아두면 금방 방향이 흩어진다.
이것은 입자 간의 상호작용이 없다고 생각하여 얘기한 것인데,
실제로는 기체 분자 간에도 상자성 스핀끼리도 작지만 힘이 작
용한다. 기체 분자가 가까이 있으면 거기에는 마이너스의 위치
에너지가 존재하고(분자가 멀리 떨어지면 위치에너지는 0이 된
다), 스핀이 정렬되면 설사 작더라도 역시 마이너스의 에너지가
있다.

문틈에서 새어 나오는 바람은 차다

이 때문에 압축된 기체를 갑자기 넓은 공간에 불어넣으면 분자끼리 떨어져 기체 분자의 위치에너지는 커진다(마이너스였던 것이 0이 되므로). 이때 주위로부터 열이 들어오지 않도록 충분히 격리해 놓는다(이것을 단열조작이라 한다).

위치에너지가 증가하는 방향으로 체계가 이동한다는 것은 생각해 보면 기묘한 현상인데, 엔트로피가 커지는 편이(즉 기체가 용기 가득 퍼지는 쪽이) 중대사이다. 그런데 이 책 맨 앞에서 얘기한 것같이 이때 에너지 값은 일정불변하다. 증가한 위치에너지만큼 누가 손해 보는가?

운동에너지가 감소한다거나 분자 속도가 작아진다는 것은 기체 온도가 내려간다는 것을 말한다. 압축한 기체를 넓은 공간에 개방시켰을 때 온도가 내려가는 현상을 줄-톰슨 효과라고 한다. 이를 이용하여 공기를 액화하여(80°K 정도) 액체공기로 둘러싸인 용기 속에서, 수소가스에 대해 줄-톰슨 효과를 적용하여 액체수소를 만들고(20°K 정도), 다시 이것을 사용하여 헬륨을 액화할 수 있다(4.2°K).

기체가 스스로 엔트로피를 증대시키려 한다는 약점을 잡아 교묘히 이를 이용하여 온도를 저하시켰다고 하겠다. 그러나 줄-톰슨 효과에는 한계가 있고, 이런 방법으로 물질을 1°K 이하로 냉각시키는 것은 전혀 가망이 없다. 1°K 내외에서 물질이 어떤 성질을 나타내는가는 물성물리학 연구와 전자공학 개발에 많은 업적을 남겼지만 최근 물리학 연구에서는, 가령 저온에서의 자기적 성질, 원자핵 스핀 측정 등에 더욱더 낮은 온도가 요구되게 되었다.

저온을 얻는 데 줄-톰슨 효과가 소용이 없다면 달리 어떤 방

법이 있는가? 분자운동과 비교하면서 생각해 온 스핀에 의한
엔트로피를 이용하면 된다.

자성을 지워서 저온을 얻는다

가령 철, 암모늄, 백반 등은 약한 상호작용을 갖는 작은 자석
의 집단이다. 이들을 상자성염이라 한다. 이것에 강한 자기장을
걸어 주면 스핀은 같은 방향으로 정렬한다. 스핀이 정렬되면
상호 간에 마이너스의 에너지가 존재한다.

여기서 단열적으로 자성을 지운다. 지금까지 강제로 정렬된
스핀은 강력력이 없어졌기 때문에 「조합수」가 많은 상태를 실
현하려고 정렬 방식이 불규칙해진다. 몇 번 되풀이한 것같이
이것이 자연의 경향이다. 이때 위치에너지는 증대한다. 그러므
로 운동에너지가 줄고 온도가 내려간다. 이러한 방법을 단열소
자(斷熱消磁)라 한다. 갑자기 자성을 지운다는 것은 기체 분자
를 한번에 넓은 공간으로 개방하는 것과 통계역학적인 원리는
같다. 모두 체계를 해방하여 엔트로피의 증대를 허용한다.

상자성염의 단열소자를 이용함으로써 1,000분의 1°(물론 절
대온도로) 정도의 저온이 얻어진다. 다시 원자핵이 가진 자기
모멘트를 이용하여 단열소자를 실시하면 10만 분의 1°로부터
100만 분의 1° 정도의 극저온에 도달하는 것이 가능하다. 이
정도가 현재의 기술로 얻어지는 가장 낮은 온도이다.

절대진공을 만드는 것이 불가능한 것같이 절대영도에 도달하
는 것도 불가능하다. 2 앞은 1, 1 앞은 0이라는 식으로 간단하
게 되지 않는다. 이런 의미에서 온도라는 물리량은 길이나 물
체의 개수 등과는 본질적으로 다르다.

열역학에는 제1, 제2법칙이 있는데

「절대영도에 도달할 수 없다」

는 것을 열역학 제3법칙이라 할 때도 있다.

절대영도란 모두가 정지된 세계이며 거기서는 엔트로피도 생각할 수 없다. 그러므로 제3법칙은

「절대영도에서 엔트로피는 0이다」

라고 해도 된다.

저온 기술의 발전

나이오븀은 9.2°K에서, 알루미늄은 1.2°K에서, 주석은 3.7°K에서 초전도 상태가 된다. 헬륨 액화는 상당히 대규모적으로 실시되고 있고, 액체헬륨을 이용하여 물질 온도를 4°K 내외로 유지하는 것은 그다지 어렵지 않게 되었다. 금속을 초전도 상태로 함으로써 어떤 이익이 있는가?

대단히 강력한 전자석을 그다지 대규모의 재료를 쓰지 않고도 만들 수 있다. 철을 사용하는 보통 자석은 2~30,000가우스로 포화되어 버린다. 그런데 초전도자석을 사용하면 10만 가우스 정도의 자기장을 얻는 것은 그다지 어렵지 않다.

전선저항은 0이 되고 전기적 손실도 전혀 없다. 이것을 이용하여 MHD발전(강한 자기장 속으로 플라즈마를 달리게 하여 전기를 일으키는 장치)에 쓰이는 자석으로 이용된다. 플라즈마는 아주 고온이고, 자석은 저온이므로 기술적으로 여러 가지 어려움이 있지만 일본에서의 연구는 높이 평가받고 있다.

또 전이점이 다른 두 종류의 금속으로 이중 코일을 만들면,

1차 코일에 흐르는 전류가 2차 코일의 금속을 초전도 상태로 만들거나 보통(저항이 있는) 상태로 만들 수 있다. 이 원리를 이용한 스위치 소자를 크라이오트론이라 하여 정보 처리에 사용한다. 전력 소비가 적고 아주 소형으로 만들 수 있다.

또한 강력한 자기장이 발생하므로 정교한 전자현미경을 만드는 데 이용될 수도 있을 것이다. 이론적으로는 100만에서 200만 V의 가속전압으로 1Å(원자 정도의 크기)은 충분히 보일 것이다. 다만 자기장의 대칭성 등에 상당한 어려움이 있다고 한다.

통신기기에서는 보내오는 신호를 틀림없이 받아 재현하는 것이 가장 중요한 일이다. 장해가 되는 것은 잡음인데 저온으로 할수록 열에 의한 잡음(바른 신호를 흩어지게 하는 것)은 작아진다. 우주 통신 수신기의 증폭장치에도 이용되고, 액체헬륨을 채운 보온병에 넣은 것을 파라메트릭 증폭기라 한다.

전기저항이 없으면 송전 도중에 줄 열은 발생하지 않는다. 그 때문에 송전선을 헬륨을 채운 보온병에 넣어 땅속에 묻는 방법이 생각되고 있다. 비용이 너무 많이 든다는 염려도 있는데 영국과 미국에서 계산한 바에 의하면 그렇지도 않다고 한다.

마이너스 절대온도

에너지가 낮은 준위에 많은 입자가 있고, 높은 준위에는 조금밖에 없는 체계는 온도가 낮다. 열을 주입하면 입자는 위의 준위로 자꾸 올라가 온도가 오른다. 그리하여 아래 준위도 위 준위도(만일 준위가 많다면 어느 준위에든) 입자 수가 같아졌을 때 온도는 무한대가 된다. 만일 준위가 한없이 위로 있다면 이런 상태를 만들 수 없다(이 상태로 하는 데는 무한히 많은 열

168

량을 주입해야 하므로).

그런데 준위의 수가 유한하고(예를 들면 간단한 스핀계처럼 둘밖에 없다고 하여) 아래 준위보다 위 준위에 많은 입자가 있으면 어떻게 되는가? 그 상태는 절대온도가 마이너스라고 말할 수밖에 없다.

볼츠만 인자를 다시 생각하면 에너지가 E만큼 높은 준위에 있는 입자의 수는 낮은 준위에 있는 것의 $e^{-E/kT}$배이다. E도 k도 플러스이다. 따라서 지금 이 인자가 1보다 커지기 위해서는 싫든 좋든 T가 마이너스여야 한다. 양자통계인 경우에는 인자의 모양이 다소 달라지지만 그래도 T는 역시 마이너스여야 한다.

대체 마이너스 온도란 어떤 것인가? 뜨거운가, 찬가? 분자와 원자의 운동에너지로 온도를 정의하는 한은 마이너스 온도 같은 것은 없었다. 그런데 온도 개념을 확장해 주면 이런 특수한 경우가 일어나고 만다.

이 체계가 뜨거운가 어떤가를 논하는 것은 의미가 없다. 뜨겁다는 감각은 입자의 운동에너지에서 온 것이며, 운동에너지를 문제로 하는 도식에서 준위는 무한히 높은 곳에 있을 것이기 때문이다(분자는 얼마든지 빨리 달릴 수 있다). 달리는 입자가 아니고 자기장 속에 있는 스핀이라는 특수한 구조만을 떼어내어 문제로 삼을 때 피부의 감각과는 달리 마이너스 온도가 정의된다. 마이너스 온도란 무한대 온도를 훨씬 격렬하게(?) 한 것이다.

그러면 어떻게 하여 마이너스 온도의 체계를 만들 수 있는가? 다만 일반적으로 열을 가하는 것만으로는 위 준위의 입자가 많아지는 일은 없다.

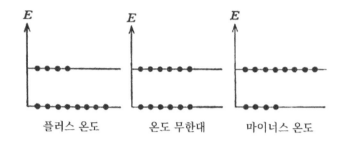

<그림 6-3> 각 에너지 준위에 있는 입자의 분포 상태로 온도를 정의
하면 무한대나 마이너스 온도가 존재한다

〈그림 6-3〉에서 짐작이 가듯이 스핀 체계에 자기장을 걸어
두고(이때는 아래 준위쪽이 입자가 많다) 갑자기 자기장 방향을
반대로 한다. 자기에너지 μH는 $-\mu H$로, $-\mu H$는 μH로 변한다.
이 순간 체계는 마이너스 온도가 된다.

실제로 특수한 물질에 진동자기장을 걸어 주면 그 물질만은
「음온도」라는 특수한 상태가 된다. 진동하는 전기장과 자기장
은 동시에 발생하며 그것을 전자기파라고 한다. 이른바 전파,
마이크로파, 열선, 광선, X선 모두 전자기파이지만 음온도 제조
에는 강한 전자기파(마이크로파나 광선)가 사용된다.

마이너스 온도 체계에서는 에너지가 불필요하게 높으며 불필
요한 부분을 마구 방출한다. 레이저라 불리는 위상이 맞는(즉
모든 파의 강약이 꼭 겹치는) 특수광선은 이렇게 방출된 에너
지이다.

가난뱅이의 즐거운 정도

여기서는 엔트로피를 볼츠만의 원리로 정의하였는데 실제로

는 미시적 물리학이 아직 발달하기 이전, 즉 고전적인 열역학에서 이미 정의되었었다.

$$(엔트로피) = \frac{(체계가\ 얻은\ 열량)}{(체계의\ 절대온도)}$$

교과서를 더듬어 보아도 엔트로피는 우선 이런 식으로 나타난다.

체계가 외부에서 열을 얻으면 일의 형태로 그것을 밖으로 방출하지 않는 한 자신의 에너지는 높아진다. 이것은 쉽게 알 수 있다. 그런데 얻은 열을 온도로 나눈다고 하니 무슨 일인지 알 수 없게 된다. 그러므로 엔트로피는 어렵다고 생각한다. 그렇다면 다음과 같이 생각하면 어떨까?

얻은 열량이란 다른 사람에게서 돈을 얻는 것처럼 생각한다. 일정한 열량이 주입된다는 것은, 가령 1만 원을 얻은 것과 같다. 얻은 사람이 가난뱅이든 부자든 1만 원만큼 에너지가 올라간다.

엔트로피란 그때의 즐거움의 정도라고 생각한다. 부자는(절대온도가 높은 체계에서는) 1만 원을 얻어도 그다지 기뻐하지 않지만 가난뱅이는(온도가 낮은 물질은) 1만 원을 얻으면 아주 좋아한다. 좋아하는 정도는 금액이 같아도 돈이 없는 사람일수록 크다.

그럼 돈을 얻으면 어떻게 되는가? 부자는 1만 원을 얻었다 해도 생활에 별로 변화가 없다. 그런데 빈털터리는 분수에 넘치는 1만 원을 얻으면 대포를 마시고 어쩌고 하게 된다(굳이 이렇게 생각해 보자). 그 결과 그때까지 한눈팔지 않고 생활하던 가난뱅이의 생활은 금방 혼란스러워진다.

열역학으로 정의되는 엔트로피도 볼츠만의 정의로 규정되는 것도 완전히 같은 물리량임이 증명되었다. 여기서는 거시적 정의(가난뱅이가 돈을 얻는 것)와 미시적 방식(상태가 불규칙하게 되는 것)을 이해하기 위하여 묘한 예를 들었다.

다시 마이너스 온도

열역학적으로 정의된 엔트로피를 써서 마이너스 온도를 설명할 수도 있다. 앞의 정의식을 고쳐 쓰면

$$(절대온도) = \frac{(체계가 \ 흡수하는 \ 열량)}{(엔트로피의 \ 증가)}$$

이다. 지금까지 온도를 갖가지 모습으로 정의하였는데 여기서도 온도의 새로운 결정 방식이 발견된 것이다. 그럼 위의 준위에 있는 입자 수가 많으면 입자는 하나둘 아래 준위로 떨어지고 이윽고 위와 아래가 같아진다(같아진 순간의 온도가 무한대). 떨어지는 과정에서는 입자를 위와 아래로 나누는 조합의 수, 즉 엔트로피는 증대해 간다(위와 아래의 입자 수가 같을 때 엔트로피는 최대). 하나둘 떨어지는 과정에서 체계는 에너지를 방출한다.

보통 체계에서는 에너지(열)를 주입하여 엔트로피를 증대시키는데, 이 체계에 한하여 반대로 되고 열을 방출하면서 엔트로피가 증대한다. 절대온도를 나타내는 식의 분모는 플러스(+)인데 분자(분수식의)는 마이너스(-)가 되어 이 때문에 온도를 마이너스라고 생각하지 않을 수 없다.

도깨비가 있으면 고무는 늘어난 채로 손가락이 제멋대로 운동한다

미시적으로 본 고무의 축소

엔트로피를 구체적으로 이해하는 데는 고무의 탄성 이야기가 좋은 예의 하나이다. 늘어난 것은 줄어드는 것이 당연하다고 하면 얘기가 안 된다. 미시적으로 생각하면 고무가 줄어드는 것은 어떻게 설명해야 하는가? 엔트로피 증가 원리에 따라 줄어든다. 그러므로 만일 맥스웰의 도깨비가 있다면 고무는 늘어난 채로 있을 것이다. 그들은 철을 늘어나게 하는 힘은 없지만 고무를 늘어나게 하는 능력은 갖추고 있다.

늘어난 고무는 거시적 역학에서는 위치에너지를 가진다. 보통 상태에서 $1cm$, $2cm$, $3cm$……로 늘려 가면 축적되는 에너지는 1, 4, 9……(단위는 고무 크기나 질에 의해 정해진다)로, 늘어나는 제곱에 비례하여 커진다. 이것이 고전물리학이다.

고무가 늘어나는 것을 미시적 입장에서 보면 어떻게 되는가? 고무는 아이소프렌(CH_2=C(CH_3)-CH=CH_2)의 중합에 의해 만들어진 길쭉한 고무탄화수소($C_5H_8)_n$로 되어 있다. 그리하여 고무를 늘였을 때에는 긴 분자의 대부분이 잡아당긴 방향으로 늘어나고 정렬된다.

금속을 무리하게 늘인다는 것은 늘어난 방향으로 원자와 원자의 간격을 얼마만큼 넓히는 것이다. 원자는 가장 안정한 상태로 배열되었는데 무리하게 간격을 넓히면 위치에너지가 증가한다. 늘어난 금속이라는 미시적 입장으로 보아도 위치에너지는 커져 있다.

그런데 늘어난 고무에서는 원자 간격이 넓어진 것도 아니다. 지금까지 감겼던 긴 분자가 곧바로 펴졌을 뿐이다. 따라서 손을 놓으면 분자는 다시 오므라들고 고무는 줄어든다.

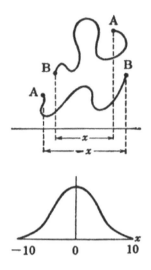

〈그림 6-4〉 실의 양단 A와 B의 간격(분포)

늘어난 금속이 줄어드는 것은 위치에너지를 감소시키려 하기 때문이다. 그러나 고무는 다르다. 미시적 의미로는 줄어든 고무가 늘어난 고무보다 위치에너지가 작은 것은 아니다. 거꾸로 고무를 늘여도 원자 또는 분자 상호 간의 위치에너지는 늘지 않는다. 그러면 왜 고무는 늘일 때 일이 필요하며 손을 떼면 탁 줄어드는가?

예를 들어 길쭉한 분자를 길이 10㎝의 실로 바꿔 생각하자. 실을 방에서 던지고, 두 끝이 장판의 방향에 따라서 얼마나 벌어져 있는가를 잰다. 두 끝을 A, B라고 하고, A가 오른쪽이면 (+), B가 오른쪽이면 (-)라고 정하자. 여러 번 실험하고 가로축에 거리를, 세로축에 A와 B가 그 거리가 된 횟수를 그려 보자. 실험을 충분히 많이 하면 〈그림 6-4〉 같은 곡선이 얻어질 것이다.

장판의 방향에 따른 A와 B가 벌어진 정도는 0인 경우가 제일 많고 (+10)㎝나 (-10)㎝가 되는 경우는 극히 드물다. A와 B의 거리가 짧을수록 횟수가 많고 특정한 방향(장판 가장자리 방향)에 대해 양단이 벌어진 것일수록 가능성이 작아진다. 이러한 일은 「조합수」를 써서 계산할 수 있고 얻어진 〈그림 6-4〉와 같은 곡선을 가우스의 오차곡선이라 부른다(정확하게는 오차곡선이란 좌우 무한으로 꼬리를 끄는 것인데, 그림에서는 10㎝에서 끊어져 있다).

엔트로피 탄성

고무탄화수소 분자는 곧바르게 되기보다 휠 가능성이 훨씬 크다. 분자가 모두 특정한 방향(고무를 늘인 방향)으로 곧바르게 되는 것은 엔트로피가 작은 상태이다. 그러므로 손을 놓으면 엔트로피는 증가하고 고무는 줄어든다. 고무가 줄어드는 것은 기체분자가 용기 속에서 고르게 퍼지려고 하는 경향과 같다. 그렇게 되는 것이 위치에너지가 낮아지는 것은 아니다. 엔트로피가 커지는 것이다.

늘어난 금속이 줄어들려고 하는 성질을 「에너지 탄성」이라 한다. 이에 비하여 고무의 경우는 「엔트로피 탄성」이라 불린다.

실제로는 고무가 늘어나면 분자 간의 위치에너지는 다소 감소한다. 왜 감소하는가는 분자의 구조가 복잡하므로 이론적으로 설명하기가 까다로운 문제인데, 고무를 급격히(즉 단열적으로) 늘이면 다소 온도가 오르고 줄이면 식는다. 위치에너지가 줄기 때문에 그 보상으로(에너지 보존법칙에서) 운동에너지가 느는(온도가 올라간다) 것으로부터 실증되어 있다.

앞에서 자유에너지 식을 제시했는데 이 식을 바꿔 쓰면

$$E = F + TS$$

가 된다. E(전체 에너지)는 F(자유에너지, 물체를 움직일 수 있는 좋은 에너지)와 TS(이것을 속박에너지라고 하기도 한다. 또는 엔트로피적인 에너지라고도 한다. 아무튼 쓸모없는 에너지이다)의 합이다.

F는 일로 변할 수 있는 가치 있는 에너지이다. 위치에너지와 운동에너지는 F의 형태로 에너지를 내포한다. 반대로 TS는 일을 하지 않는 무가치한 에너지이다. 그것은 거시적으로는 열에너지이며 미시적으로는 제멋대로인 것을 나타낸다. 인간 체내에서 녹말, 단백질 등 가치가 높은 형태로 섭취된 것도 이윽고 열로 변화한다. 인간의 창조력도 음식에 포함된 F가 관여하는지 모른다. 인간에게 열을 준 것만으로는 결코 좋은 지혜가 나오지 않는다. 그뿐만 아니라, 얻은 에너지량은 같아도 음식 이아니고 열뿐이라면 생존조차 위태롭다. 아무튼 에너지(E)에는 좋은 부분(F)과 무가치한 부분(TS)이 있다는 것을 잊어서는 안된다. 그리고 E는 일정해도 F는 점차 감소되어 가고 반대로 TS는 증대한다.

1장에서는 하나의 체계가 다른 부분과 격리되었을 때 체계의 에너지는 변함이 없음을 얘기했다. 앞에 제시한 식에서 E가 일정하다는 것, 즉 F와 TS의 합은 변함이 없다는 것을 얘기해 왔으며 이것이 열역학 제1법칙이다.

2장에서는 역학적인 에너지(식에서 말하면 우변 F)는 감소해 가고 그 대신 열적 에너지(우변의 TS)가 증가하는 것, 즉 열역학 제2법칙을 갖가지 각도로 설명해 왔다. 이것을 식으로 나타 낸 것이 F=E-TS이다. E는 변함이 없는데 F가 마구 감소되어 드디어 극소 상태가 된다.

우주가 만약 유한한 물리 체계라면(이것은 아직 수수께끼인 데) 우주의 전 에너지(E)는 변함이 없는데 쓸모 있는 에너지(F) 는 점차 작아져 결국 열적 종말이 온다는 결론도 단순히 허풍 은 아니다.

Ⅶ. 구세주로서의 도깨비

버스를 세우는 이야기

필자의 자택은 교외선 역에서 버스를 타고 20분 안 걸리는 곳에 있다. 버스 정류소 근처에는 새로 개발된 주택지와 단지가 많고, 이 버스 노선을 이용하는 사람의 태반이 같은 정류소에서 내린다.

내가 타는 버스는 내부에 많은 버저가 설치되었고, 다음 정류소에서 내리고 싶은 사람은 버저를 눌러 운전기사에게 알린다. 필자는 거의 매일같이 이 버스를 이용하지만 한 번도 버저를 누른 일이 없다. 같은 정류소에서 반드시 내리는 사람이 있고, 그중 누군가 반드시 버저를 누른다고 믿기 때문이다.

오늘까지 버스에서 미처 못 내린 적은 한 번도 없는데, 생각해 보면 배짱을 부리는 것 같기도 하다. 꾀를 부린다든가 게으르다는 것은 따로 치고, 승객이 20명, 30명이나 그 이상 많을 때는 주택이 많은 정류소에서 자기 이외에 적어도 한 사람은 내릴 것이라고 판단하는 것은 우선 틀림이 없다. 그리하여 한 사람쯤은 적극적으로 버저를 누르는 사람이 있다고 생각하는 것은 전적으로 독선은 아니다.

그런데 승객이 가령 5명 정도였다면 어떨까? 5명 중 태반이라면 3명 정도이므로 나 이외에 더 2명이 내린다. 그러므로 버스가 정거하기까지 졸아도 걱정 없다고 안심할 수는 없다. 또 가령 3명이 내리기로 되어 있다 해도 3명 모두 필자 같은 게으름뱅이일지 모른다. 자칫 잘못하면 누군가 버저를 누를 것이라고 모두 마음 놓고 있다가 버스가 정거장에 서지 않고 지나가 버릴지 모른다.

요컨대 개체 수가 적어지면 대다수의 경우의 법칙은 반드시 들어맞지 않는다는 것이다. 그리고 우리가 지금까지 알아본 것은 개체 수가 대단히 많은 경우에 한정되어 있다.

총살을 면한 이야기

어느 책에서 읽은 기억이 나는데 이런 이야기가 있다.

군법회의 판결에 의해 총살형이 집행되려 한다. 눈을 가린 사형수는 기둥에 묶이고 5명의 헌병이 총을 겨누고 대기하고 있다.

지휘관의 「쏴!」 하는 호령으로 5발의 총탄이 날아갔다. 그런데 사형수는 쓰러지지 않는다. 한 방울의 피조차 흐르지 않았다. 한 발의 총알도 맞지 않았다.

지휘관은 당황하지도 않고 다시 「제2탄, 장탄」 하고 호령을 내린다. 착착 총알을 재는 소리가 나고 5자루의 총구가 다시 겨눠진다.

「쏴!」

하는 명령과 더불어 다시 총성이 울렸는데 사형수는 태연히 서 있다.

「제3탄, 장탄!」

지휘관은 태연하게 세 번째 호령을 내린다. 세 번째 탄환이 발사된다. 그래도 사형수는 한 방울의 피도 흘리지 않았다.

「발사 중지, 세워 총!」 하는 명령으로 헌병들은 총을 거두고 지휘관의 인솔하에 돌아갔다. 이 나라(어느 나라인지 잊어버렸는데)에서는 세 번 사형이 집행되어도 죽지 않으면 집행은 정지된다는 규칙이 있다. 사형수는 아무도 없는 광장에 멍하게 서 있었다.

　사형수와 지휘관 또는 헌병이 서로 짠 것은 아니다. 사형은 집행될 예정이었다. 또 5명의 헌병들은 모두 명사수였다.

　아무리 군법회의의 판결이었지만 자기가 쏜 총알로 사람을 죽이기는 싫었다. 자기 이외에 네 사람이나 있으니 「누군가 쏘겠지…」 하고 다섯 사람이 모두 생각한 것이다. 그리고 전원이 일부러 맞추지 않았다. 두 번째도, 세 번째도 모두 같은 심리상태였다.

도깨비의 속삭임

　앞의 이야기는 너무 잘 꾸며졌다. 첫 번째에 실패하면 지휘관은 당황할 것이다. 헌병들도 탄로가 나면 아마 두 번째는 명중시킬 것이다. 대체로 표적을 맞추지 않을 만한 인도주의자라면 애초에 사형집행병이 되지 않았을 것이다. 또한 「이때 지휘관은 조금도 당황하지 않고」 취했다는 태도는 너무 소설적이다.

　이야기는 어디까지나 이야기로 그치고, 가령 사격을 잘하는 병사를 억지로 데리고 와서 한 번만 이렇게 쏘게 하였다면 혹시라도 한 발도 맞지 않는 일이 생길지도 모른다. 인원수가 적으면 적을수록 이럴 가능성이 많다.

　반대로 말하면 인원수가 많으면 많을수록 엉뚱한 일이 일어날 가능성이 적어진다.

　어느 나라가 수소폭탄두를 장치한 미사일을 보유하였다고 하자. 버튼만 누르면 미사일은 가상의 적국 수도를 향하여 돌진한다. 이 버튼을 관리하는 사람은 반드시 복수일 것이다.

　관리자 중 한 사람인 A 대령은 아무리 사상이 온건하고 상식이 풍부한 인격자일지라도 어디까지나 인간이다. 어떤 계기로 노이로제에 걸릴지 모르며, 염세적인 생각에 빠지지 않는다고 단언할 수 없다. 만에 하나 A 대령이 자포자기에 빠져 버튼을 눌러도 B 중령, C 소령⋯⋯도 동시에 누르지 않는 한 미사일은 발사되지 않는다. 관리자 수가 많을수록 안전하다.

그러나 만일 세 사람이 동시에 버튼을 눌렀다면 미사일은 발사되고 말 것이 아닌가 하고 생각될 때도 있지만, 이런 일은 실제로 일어나지 않는다. 왜 그럴까? 모두 동시에 같은 생각을 한다는 것은 극히 엔트로피가 작은 상태이기 때문이다.

한편 발사 여부를 놓고 세 사람이 토론을 했을 때 의견의 일치를 보지 못했다면 이는 엔트로피가 큰 탓이며 이것은 진실이다. 확률이 큰 상태로부터 작은 상태로 이행하는 것은 웬만큼 특수한 작용이 없는 한 불가능하다는 것은 앞에서 계산한 바 있다. 만일 이것을 가능하게 하는 것이 있다면 그것은 맥스웰의 도깨비이다.

도깨비가 미사일을 관리하는 A 대령 귓전에서 속삭인다.

「버튼은 B 중령 있는 데도, C 소령 책상 위에도 있습니다. 그들이 얼마나 임무에 충실한가 당신은 잘 알지 않습니까. 자, 그들을 믿고 살짝 버튼을 눌러 보는 기분을 맛보십시오. 어떤 느낌인가 말입니다. 한번 기분을 내 보십시오.」

A 대령은 최면술에 걸린 것같이 버튼을 누른다.

다른 도깨비는 B 중령에게, 또 다른 도깨비는 C 소령에게 같은 말을 속삭인다. 이리하여 미사일이 발사된다.

이렇게 된다면 진짜 도깨비라고 할 수 있겠다. 그러나 맥스웰의 도깨비가 무슨 이 세상의 멸망을 노리는 것은 아니다. 오히려 실은 구세주로서의 가능성을 감추고 있다.

도깨비 이야기는 나중으로 돌리고 버스 이야기에서 생각해 본 것처럼 개체 수가 작으면 어떻게 되는가를 물리적인 입장으로 알아보자. 개체 수가 수십 개, 또는 겨우 수백 개 정도라면 자연현상은 어떻게 될까?

브라운 운동

압력이란 분자가 벽에 끊임없이 충돌하는 결과 일어나는 현상이다. 조용히 부딪치는 것도 격심하게 충돌하는 것도 있는데 그 평균을 압력이라 생각한다. 그런데 생각만으로는 불명료하다. 그런 증거가 있느냐고 물을지 모른다. 증거는 있다.

승객이 많을 때는 버스가 단지 정류소에 반드시 정거한다고 생각해도 된다. 그러나 내리는 승객이 적을 때는 반드시 그렇지는 못하다. 이와 마찬가지로 기체 또는 액체는 분자로 구성되었고 속도도 각기 다르다는 것을, 간접적이긴 하지만 눈으로 보는 방법이 있다.

영국의 식물학자 브라운(1773~1858)은 1827년에 수면에 떨어진 작은 꽃가루가 멎을 줄 모르고 지그재그 운동을 하는 것을 발견하였다. 수면은 조용하고 파도가 있는 것도 아니고 흐르지도 않는데도, 현미경으로 본 꽃가루는 쉬지 않고 움직였다. 1세기 반이나 전에 거의 간접적인 방법이긴 하였지만 분자의 존재를 실제 눈으로 확인하였다는 뜻에서 특기할 만한 발견이었다.

이 정도로 작은 것(브라운 운동을 하는 꽃가루)은 어느 순간에 주위에서 부딪치는 물 분자 수가 아주 적어진다. 속력이 큰

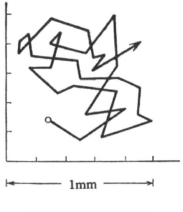

<그림 7-1> 브라운 운동

분자는 드물게(그렇다고 해도 1초간에 몇 회 정도) 충돌한다. 그에 따라 꽃가루는 지그재그 운동을 한다. 이것을 브라운 운동이라 하며 분자의 존재를 입증하는 실험으로 유명하다.

　나중에 브라운 운동 실험은 개량되어, 1907년에 페랭은 반경 1만분의 수 ㎜ 정도(빛의 파장 정도)의 유향(乳香)을 여러 가지 액면에 띄워서 그 움직임을 관측하였고, 1914년에는 플레처가 공기 중에 부유하는 기름방울의 운동으로부터 분자의 크기를 추정하였다. 다시 1915년에 웨스트그렌이 대단히 작은 귀금속의 콜로이드를 액면에 띄워 그 운동을 조사하여 이 실험에서 분자의 존재와 1㎤ 속의 분자 수 등이 밝혀졌다.

흔들리는 인과율

　브라운 운동처럼 작은 부분에 눈을 돌리면 열학적인 양은 반드시 항상 평균적인 값을 유지한다고는 말할 수 없다. 양은 평

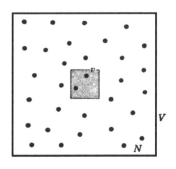

〈그림 7-2〉 기체 분자의 흔들림. 작은 부피 속의
개수는 항상 N×v/V가 아니다

균값 주변에서 끊임없이 변화한다. 이러한 현상을 「요동」이라
한다.

예를 들면 기체의 부피는 압력이 일정하면 절대온도에 비례한
다. 온도도 일정하게 해 두면 부피는 분자 개수에 비례한다. 1기
압, 0℃라면 $6×10^{23}$개가 차지하는 부피는 22.4ℓ, $3×10^{23}$개라
면 11.2ℓ, $6×10^{22}$개라면 2.24ℓ이다. 그러면 비례적으로 생각
하여 10개의 분자 부피는 $3.7×10^{-19}$㎤라고 해도 될 것인가?

반대로 표현하여 $3.7×10^{-19}$㎤의 미소부피 안에는 기체 분자
가 10개 있다고 단언해도 되는가?

기체 속에 가령 $3.7×10^{-19}$㎤의 미소부피를 생각하여 이 속에
들어 있는 분자 수를 세면 9, 11, 10, 13, 7, 8, 10, 12,
9……로 불균형하게 관측될 것이다.

압력과 온도를 정해 놓으면 부피는 질량에 비례하여 변한다
는 인과관계는 거시적인 의미에서는 성립하지만 미시적인 입장
에서는 이제 정확하지 않다. 원인은 확실하게 결과를 초래한다
는 것은 미시적인 세계에서는 성립되지 않는다.

맥스웰 분포

용기 속 기체 분자의 예로 돌아가자. 온도는 분자의 운동에 너지의 평균값에 비례한다는 것은 앞에서 말했다. 온도를 알려면 평균값만 알면 되는데 갖가지 사정으로 분자의 속도를 훨씬 자세히 아는 것이 바람직하다.

가령 학교에서 A 학급의 평균 점수는 50점, B 학급도 50점이라 해도 그것만으로는 두 학급이 학력적인 의미에서 같은 성격이라고 할 수 없다. 극단적인 경우에는 A 학급은 학생의 반이 100점, 나머지 반이 0점일지 모른다. 이렇다면 당연히 두 학급에 대한 수업 방법도 바꿔야 한다.

산소 분자와 수소 분자는 충돌하여 수증기 분자가 된다. 이 것이 이른바 화합이다. 그러나 무조건 화합하는 것은 아니다. 충돌 속도가 작으면 되튕긴다.

일정 속도보다도 빠른 분자만이 붙어서 수증기가 된다면 평균값만을 조사할 수는 없다. 빠른 것, 중간 정도의 것, 느린 것 등의 분포를 검토해야 한다.

특정 방향의 속도만을 조사해 보면 속도에 대한 분자 분포는 고무 탄성을 설명한 것같이 가우스형 곡선이 된다. 그런데 속도만을 문제로 삼으면 어느 방향으로 달려도 상관없으므로 〈그림 7-3〉처럼 그릴 수 있다. 대단히 늦은 것과 극단적으로 빠른 것은 적고 어느 정도의 속도를 가진 것이 제일 많다. 온도가 올라가면 분자는 전체적으로 빨라진다. 이 곡선을 맥스웰 분포라 한다. 기체 분자 수가 일정할 때 온도를 일정하게 하면 어떤 속도의 분자 수는 얼마인가를 나타내는 이 곡선이 자연히 정해진다. 즉 이러한 분포일 때 자유에너지는 가장 작아진다.

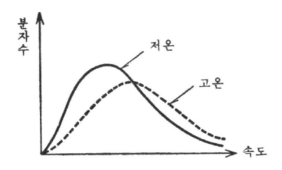

〈그림 7-3〉 각각 다른 속도를 가진 기체 분자 수(맥스웰 분포)

그러므로 설사 맨 처음에 기체 분자를 전부 같은 속도가 되게 했다고 해도, 또는 빠른 것과 느린 것 2조만으로 했다 해도 곧 분자는 기구의 벽에 충돌하거나 서로 충돌하여 이런 분포가 되어 버린다.

도깨비가 영구기관을 움직인다

50℃의 기체를(액체라도 된다) 100℃와 0℃로 분리할 수 있다면 열기관을 작동시킬 수 있다는 것은 앞에서 얘기했다. 그래서 맥스웰은 기체 분자의 속도 분포도(그림 7-3)를 보면서 이렇게 생각했다.

가령 50℃의 기체라도 실은 빠른 분자와 느린 분자가 섞여 있다. 만일 이 속도 분포도의 한가운데 세로선을 긋고 빠른 분자는 오른쪽 상자로, 느린 분자를 왼쪽 상자로 나눌 수 있다면 편리하다.

인간이 여기서 일을 하자는 것은 아니다(바꿔 말하면 기체에 에너지를 주려는 것은 아니다). 다만 나누기만 하면 된다. 그래

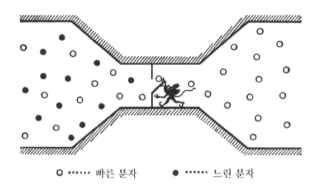

O ······ 빠른 분자   ● ······ 느린 분자

〈그림 7-4〉 맥스웰의 도깨비

서 그는 서장에서 얘기한 것처럼 초인적인 도깨비(Demon)를 상상했다.

도깨비가 아무래도 엉터리 같다고 한다면 〈그림 7-5〉와 같은 장치를 생각하면 어떨까? 이 밸브는 일방통행이며 분자는 좌에서 우로만 나갈 수 있다. 다만 느린 분자는 밸브에 주는 충격이 작기 때문에 밸브를 열 수 없다. 빠른 분자만이 밸브를 밀치고 오른쪽으로 빠져나간다. 그러므로 결국은 오른쪽만 뜨겁게 되고, 왼쪽은 차가워진다. 성능은 그다지 좋지 않을지 모르나 아무튼 제2종 영구기관은 가능하다.

과연 도깨비는 부정되는가?

맥스웰의 도깨비를 본 사람은 없고 이런 편리한 밸브는 존재하는 않는다. 만일 이것이 진짜라면 야단이 난다. 사업에는 대혁명이 일어나며, 물리법칙도 근본적으로 바꿔야 한다. 서장에서 말한 것같이 인간은 모두 누워서 편히 살게 될지 모른다.

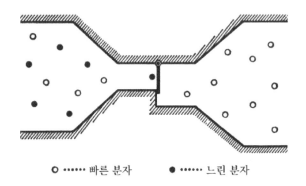

○ ······ 빠른 분자   ● ······ 느린 분자

〈그림 7-5〉 맥스웰의 도깨비를 장치로 만든 것

그럼 대체 어디에 모순이 있는가?

도깨비의 예로는 납득이 가지 않으므로 밸브의 예로 생각해 보자. 이 밸브는 분자 1개를 통과시킬 만한 크기이므로 아주아주 작은 것이어야 한다. 밸브 자체가 몇 개 또는 몇십 개의 원자 또는 분자로 되어 있을 것이다.

이 밸브는 통과시켜야 할 기체와 같은 온도이다. 그렇다면 밸브를 구성하는 원자(또는 분자)도 기체 분자와 같은 정도로 활발히 운동한다. 밸브는 고체이다. 그러나 고체를 구성하는 원자라고 해서 빠른 기체 분자가 충돌하는 경우 이외에는 꼼짝 않는 것은 아니다. 작은 원자(분자)의 덩어리는 제어자의 뜻을 거역하여 툭탁툭탁 제멋대로 운동한다. 이것이 앞에서 얘기한 요동이라는 현상이며 브라운 운동의 경우와 같은 사정이다.

그러면 밸브를 크게 하면 어떨까? 큰 고체는 분명히 운동하지 않는다. 운동하지 않는 것은 좋은데 빠른 분자가 충돌해도 열리지 않는다. 결국 안 된다. 즉 미시적인 장치를 만들 수 있

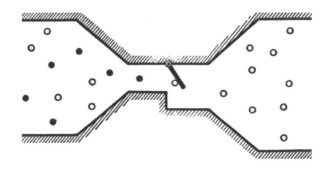

〈그림 7-6〉 그림 7-5에서 빠른 분자가 밸브에 부딪쳐 밸브가
열린 모습

어도 여기에 거시적인 역학을 적용할 수 없다는 것이다. 밸브
는 자신의 제멋대로인 원자운동 때문에 닫거나 열고 빠른 기체
분자도 늦은 것도 가릴 것 없이 통과시키거나 막거나 한다.

분자를 구별할 수 있을 만한 도깨비가 가령 있다면 이것도
10개 안팎의 분자로 만들어졌음에 틀림없다. 설사 도깨비 자체
가 크다 해도 창을 열고 닫는 손가락에는 몇 개의 분자가 있을
뿐이다. 그만한 수의 분자로 세포가 만들어졌을까 하는 문제는
제쳐 놓고, 몇 개의 분자로 만들어진 체계는 분자의 엉망인 운
동(요동)에 지배되어 제멋대로 운동을 한다. 뇌의 명령에 따르
지 않고 손가락이 무차별한 운동을 한다.

거시적인 물체가 역학법칙에 따르거나 우리 뜻대로 움직이는
(손발은 뇌가 명령한 대로 운동한다) 것은 분자 개수가 대단히
많기 때문에 개개 분자(고체에서는 원자)의 멋대로인 운동이 상
쇄되기 때문이다. 이런 까닭에 보통은 맥스웰의 도깨비는 존재
할 수 없는 것이라 생각된다.

진공의 온도는 6,000℃

온도가 분자나 원자의 운동이라면 진공에는 온도가 없다. 유리그릇 속을 진공으로 하여 햇볕이 잘 드는 장소에 두고 속에 온도계를 넣는다. 진공 속이므로 눈금은 0°K(그런 눈금까지 새겨진 온도계는 없지만)가 되는가?

그런 얼토당토않은 일은 없다. 그러면 실제로 온도는 어떻게 되는가? 온도를 이치로만 생각하자는 것은 아니다. 실제로 온도계로 조사하자는 것이다. 이렇게 하는 것이 실증적이다.

가령 대기(유리그릇의 바깥쪽)의 온도를 20℃라고 하면 온도계 눈금은 역시 20℃가 되는가? 반드시 그렇지는 않다. 온도계를 충분히 크고 새까만 것으로 만들면 좋은 날씨에는 20℃보다 더 뜨거워진다. 태양열 온수기가 기온보다 고온인 뜨거운 물을 데우는 이치와 같다.

태양열 온수기 이야기가 나왔으므로 잠시 생각해 보자. 기온이 20℃인데도 불구하고 저절로 30℃의 뜨거운 물을 얻는 것은 이상한 것 같다. 아무런 노력을 들이지 않고도 온도 차를 만들 수 있다니 열역학 제2법칙에 위배되지 않는가?

이것은 지표 부근 온도가 20℃인 것에 문제가 있다. 지표는 태양에서 열과 빛에너지를 얻고, 다른 편에서는 열에너지를 우주 공간으로 복사한다. 이렇게 평형이 유지되어 공기의 온도는 온대에서는 20℃ 안팎이 되는 일이 많다. 분명히 공기 분자는 20℃에 상당하는 맥스웰 분포가 되었다. 20℃라는 것은 이렇게 공기라든가 지면의 온도이다.

태양으로부터는 복사에너지가 온다. 양자론적인 방식으로 말하면 광자가 온다. 그러므로 진공이라도 광자는 움직이며, 이

손가락이 제멋대로 운동한다

광자의 온도는 정확하게 알 수 있다. 그럼 태양으로부터 오는 광자에너지, 즉 진공(지표에서 진공을 만들어도 되고, 태양과 지구의 중간 지대를 생각해도 된다)의 온도는 얼마 정도인가? 태양 표면과 같은 6,000℃라고 해도 상관없다.

태양에서 공급되는 에너지량은 거리의 제곱에 반비례하여 작아진다. 그러나 그 에너지가 도달하는 장소는, 설사 그것이 아무리 멀어도 온도 6,000℃인 체계 속에 있음에는 변함이 없다.

지면 온도도 6,000℃까지 오른다

그럼 태양이 쪼이는 지표의 온도는 6,000℃라고 해도 되는가? 우리 피부에 감각되는 온도는 주로 공기 분자의 온도이며, 이런 의미로는 300°K 정도라고 대답하는 것이 상식적이다. 그러나 복사선에 의해 결정되는 온도는 어디까지나 6,000℃이다.

복사선으로 결정되는 온도란 무엇인가? 뜨거운 물체는 복사에너지를 낸다. 다만 색이 있는 것은 특정한 파장밖에 방출하지 않는 경향이 있으므로 검은 물체라고 하자. 이 흑체가 어떤 온도에서 어떤 파장의 에너지를 보다 많이 내는가 하는 것은 정해져 있다. 광속도를 파장으로 나눈 것을 진동수라 하는데 파장 대신에 진동수를 가로축으로 하고, 어느 온도에서는 어떤 진동수의 빛(눈으로 보이는 빛뿐 아니라 적외선, 열선, 자외선 등을 총칭하여 빛이라 한다)을 많이 내는가를 그린 것이 〈그림 7-7〉이다.

발광체의 온도가 올라가면 복사에너지의 절댓값도 커지는데 큰 진동수(단파장)의 빛을 더 많이 복사하게 된다. 광자는 보스-아인슈타인 통계에 따르는데 온도가 6,000℃라면 6,000℃라

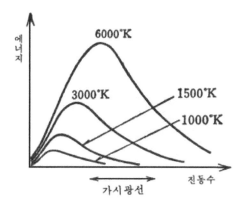

〈그림 7-7〉 흑체복사의 진동수와 에너지

고 정했을 때의 보스-아인슈타인 통계에 의한 최소 자유에너지
가 〈그림 7-7〉 같은 곡선이 된다.

 지구에는 모든 파장의 빛이 쪼인다(이들을 함께 눈으로 보면
시신경은 이것을 하얗게 느낀다). 그런데 어느 색의 에너지가
많고, 어느 파장의 빛이 적은가를 양적으로 측정하여 그래프에
그리면 마침 6,000℃에 상당하는 곡선이 된다. 물론 대기의 깊
은 밑바닥인 지표와 스모그에 싸인 도시에서는 자외선 등은 상
당히 차단되겠지만 말이다.

 우주 공간이, 따라서 햇볕이 쪼이는 우리 온도가 6,000℃라
는 것은 이런 의미이다. 따라서 지구상의 열을 잘 흡수하는 물
체는 6,000℃까지 온도가 상승할 가능성이 있다(실제로 그런
고온이 되기 전에 열은 마구 달아나지만). 가령 6,000℃ 이상
이 되면 이번에는 거꾸로 태양을 향해 열복사를 시작한다. 그
러므로 6,000℃가 한도이다. 태양열 온수기로 30℃, 40℃의
뜨거운 물이 데워져도 조금도 이상하지 않다.

반엔트로피

지구상에서 태양의 방향으로 수직인 면은 태양으로부터 $1cm^2$ 당 1분간에 거의 2칼로리의 열(및 빛)의 에너지를 얻는다. 이 값을 태양상수라 한다.

가령 이 세상에 태양이 없고 태양보다 더 온도가 낮은 발광 천체가 지구 가까운 곳에 있다고 생각해 보자. 천체의 온도와 거리가 적당하다면 지구에 오는 복사에너지는 그것이 태양일 경우와 같아진다(다만 천체열 온수기는 그다지 쓸모없다). 이때 에도 인간과 그 밖의 동식물은 현재와 변함없는 생활을 할 수 있을까? 그럴 수 없다. 우리 생활에 필요한 것은 에너지의 많고 적음뿐만이 아니고, 그 엔트로피가 작다는 것도 극히 중요한 요인이기 때문이다.

엔트로피는 작을수록 좋다. 바꿔 말하면 마이너스의 엔트로피가 클수록 좋다. 부호를 바꾼 것을 보통으로는 음의 엔트로피(Entropy에 대비되는 Negatropy라고 한다)라고 하는데 반엔트로피라고 부르기로 하자.

먼저 가정한 것같이 그다지 뜨겁지 않은 천체로부터 오는 복사에너지의 파장 분포 형태가 가령 $300°K$ 정도라면 어떻게 되는가? 분명히 지구인이 얻는 열에너지량은 같다. 그러나 총량(즉 〈그림 7-7〉의 곡선 아래 넓이)은 같아도 높은 진동수 쪽으로 몰리는 일이 적으므로 엔트로피는 극히 크다. 바꿔 말하면 「질」이 나쁜 에너지를 받게 된다.

다행히 태양으로부터는 $6,000°C$라는 극히 반엔트로피가 큰(즉 「질」이 좋은) 에너지가 온다. 이것은 지표 기온에 비해 자릿수가 훨씬 크다. 심한 온도 차, 이것은 극히 반엔트로피가 큰 상태이다. 우리가 만일 태양에 감사해야 한다면 그것이 큰 에너지를 공급해 주는 것만이 아니고, 큰 반엔트로피도 준다는 것을 잊어서는 안 된다.

평화새의 수수께끼 풀이

먼저 얘기한 평화새 이야기를 다시 생각해 보자. 앞에서 가상적으로 생각한 것같이 지구가 저온인 천체로부터 열 공급을 받아 기온도 20℃, 복사에너지의 파장 분포도 20℃라는 형태였다면 어떻게 되는가? 아마 대기는 포화수증기로 찰 것이다(상대습도가 100%라는 것이다). 이때 증발현상은 일어나지 않는다. 평화새도 움직이지 않는다.

평화새가 움직이기 위해서는 대기 중의 수증기가 포화되어서는 안 된다. 자연은 평형 상태가 되기 쉽다는 것을 생각하면 대기는 가능한 한도의 수증기를 품고 있을 것이다.

현실적으로는 상대습도가 80%, 70%, 60%, 50%,……으로 작아지는 것은 왜일까? 태양열 탓이라고 하면 그뿐인데 그 복사에너지가 6,000℃형이기 때문이다. 물을 증발하게 하는 것은 에너지보다는 반엔트로피이다. 기온이 20℃로 평형을 유지한다고 해도 다른 형(복사선)의 고온이 거기에 존재하기 때문이다. 그러므로 평화새는 제2종 영구기관이 아니다.

반엔트로피의 은혜를 다른 예로 생각해 보자. 태양 광선에는 많은 자외선이 포함되었는데, 앞에서 말한 가상 천체는 아무리 뜨겁게 느껴져도 자외선이 없다. 자외선이 없으면 식물은 광합성(식물이 빛을 받고 자신의 성장 소재가 되는 탄수화물을 만드는 것)을 일으키지 못하게 되어 성장하지 못한다. 그늘에서

자라는 풀이 홀쭉한 것은 이 때문이다.

이렇게 천체에 생물이 생존하기 위해서는 에너지와 반엔트로피가 필요하다. 우주에는 막대한 수의 빛나는 천체가 존재하며, 이들을 도는 행성의 수도 무척 많다. 그러나 생물의 번식 조건은 온도만이 아니고 엔트로피에도 관계되므로 천체에 생물이 발생할 우연은 상상 이상으로 드문 일이다.

지구 표면은 에너지적으로나 엔트로피적으로도나 탄소를 주로 하는 큰 분자(유기 분자)로 구성 되고, 이것이 특수한 기능을 발휘하는 조건에 정합하고 있다. 그 결과 생물이(식물에서 동물, 다시 인간이) 발생하여 마침내 이러한 사회를 만들었다. 인간이 생기고 그 결과 자기가 이 세상에 태어났다는 말은, 어느 정도 벌을 받을 만한 표현인지 모르겠지만, 다행인지 불행인지 필자는 잘 모른다. 그러나 아무튼 대단히 대단히 우연한 사건이라고 해야 하겠다.

반엔트로피의 창조자

조각가는 석고에 형상을 새긴다. 단순한 흰 덩어리로부터 머리가 만들어지고, 가슴이 나타나고, 배가 생기고 손발이 만들어진다. 조각가의 이마의 땀으로 아름다운 누드상이 완성된다. 예술품이다. 많은 사람들이 이를 보고 감탄한다. 예술가의 솜씨가 뛰어날수록 그의 영감을 그대로 반영한 작품이 태어난다.

가령 석고 덩어리를 야외에 두고 비바람에 방치하면 어떻게 될까? 비는 표면을 파이게 하고 바람은 부스러기를 날린다. 자연의 힘에 내맡긴 덩어리는 끝내 보기 싫은 잔해가 되고 만다.

조각뿐만 아니다. 그림도 서예도 마찬가지다. 그 밖에도 사람

인간에게 숨은 것은 맥스웰의 도깨비가 아닐까

손으로 된 완성품은 많다. 그들은 언제나 예술적인 입장으로만 바라볼 수 있는 것은 아니다. 건축이나 토목공사로 지은 가옥, 교량, 둑은 아름다움도 문제가 되지만, 일반적으로는 실용성이 우선이다. 이들을 계획하고 건설하는 것은 인간이다.

인간 자신이 갖는 에너지는 미미하다. 따라서 큰 공사에는 착암기, 다이너마이트, 전기, 석유의 힘을 빌려야 한다. 이들 에너지원을 적당히 선택하고 사용 순서를 정하고, 이용 방법을 적절히 하여 교묘히 처리해 가는 것은 인간 이외에는 없다.

태풍은 사나운 위세를 떨친다. 이만큼 강력한 에너지는 아직 인간이 만들지 못했다. 그러나 태풍이 산의 나무를 넘어뜨리고, 그 껍질을 벗기고, 석회석 산을 깎고 이에 비를 뿌려 콘크리트 모양으로 만들어 기둥, 벽, 지붕 등 사람의 손으로 만든 가옥과 같은 것을 만들었다는 얘기는 들어 보지 못했다. 눈앞의 공간에 있는 공기가 갑자기 없어져 버리는 것과 같을 정도로 태풍이 주택을 건축한다는 것은 드문 사건일 것이다.

이렇게 생각하면 비바람에 내맡겨진 석고라든가, 자연계의 암석, 지형 등은 극히 엔트로피가 큰 상태라 하겠다. 이에 비해 조각, 그림, 갖가지 건축물 등 인간의 의지가 작용한 것은 극단적으로 엔트로피가 작다. 인간이란 한마디로 말해 반엔트로피의 창조자이다. 이 창조력은 어디서 오는 것인가?

인간의 두뇌는 유기 분자의 조합이다. 머릿속에 모르는 원자가 숨었다고 생각할 수 없다. 더욱이 인간일지라도 에너지 보존법칙에서 벗어나지는 못한다. 음식을 끊으면 여위고, 이윽고 죽는다. 열역학 제1법칙은 신체에도 엄연히 존재한다.

제2법칙에 대해서는 어떤가? 인간은 칼로리를 섭취하여 이것을 고열원으로 하는 열기관이라는 기계론으로 설명이 되는가? 또는 태양으로부터 6,000℃에 상당하는 반엔트로피를 받는 물체라고 생각함으로써 해석이 가능한가?

결국 인간은 자연계의 다른 물체와 결국은 같고, 분자, 원자 또는 이온의 동작이 극도로 복잡화되었을 뿐이라고 생각하는 가, 또는 그러한 기계적인 구조 이상으로 무엇인가가 더해졌다고 해석하는가 하는 문제이다.

필자는 모른다. 물리학적 입장에서 말하면 인간도 결국은 물질계 법칙에 지배된다고 생각하고 싶다. 그러나 그 정보량의 풍부함, 그것을 자손에게 전해 가는 유전 메커니즘의 치밀함, 또한 그들이 만들어 내는 반엔트로피의 위대함을 생각하면 생명이라는 것에 대해서는 조금 다른 설명이 필요하지 않은가 하는 기분도 든다.

인간 속에, 만일 특별한 것이 숨겨졌다고 하면 그것은 맥스웰의 도깨비가 아닌가? 열역학 제2법칙이란 어디까지나 경험법칙이다. 자연계로 눈을 돌리면 이에 위배되는 사실이 없다는 것뿐이다. 인간 속에는, 그 두뇌 속에는 어떤가?

메커니즘 입장으로는 부정되었으나 맥스웰의 도깨비는 인간 속에 숨어 있지 않다고 단언할 수 없다. 인간 자신이 맥스웰의 도깨비라는 표현법도 무턱대고 기발하다고 말할 수는 없다.

이 도깨비들은 삼림을 뚫고 산을 깎고, 공장을 만들고 도시를 건설한다. 인간이 떠나간 자국은 잡초가 우거지고 폐허는 황폐되는 대로 내버려진다. 유령도시가 된다. 도깨비들이 떠나가면 나중에는 엔트로피만이 계속해서 마구 증대한다.

엥겔스의 반론?

서장에서 우주의 종말에 대해 생각해 보았다. 열적 종말을 예언한 볼츠만은 자살해 버렸다. 현재도 모든 학자들이 이것을 믿는가?

아인슈타인의 일반상대론이 나온 얼마 뒤에 윌슨산 천문대에서 연구하던 허블이라는 천문학자에 의해 우주가 팽창한다는 것이 관측되었다. 그렇다면 일정한 우주 속에서 엔트로피는 계속 증가한다는 것을 다시 검토해야 한다. 하지만 우주에 대한 지식은 매우 빈약하다. 유한으로 닫힌 것인가, 또는 더 다른 구조인가 결정짓지 못했다. 공간의 끝이 애매하면 시간의 궁극도 막연하다. 그러나 다음과 같이 생각된다.

먼 장래에 열적 종말이 예측된다면 거꾸로 더듬어 우주의 과거에는 시작이 있었을 것이다. 현재 우주는 계속 팽창하고 있으므로 맨 처음에는 작은, 대단히 밀도가 높은 가스체였음에 틀림없다. 이것은 가모프 등의 해설서에 자세하고 쉽게 쓰였다. 그런데 우주는 처음에 고밀도의 가스체였고, 이것이 대폭발을 일으켰다는 것은 그렇다 쳐도 우리는 그 대폭발 전에 어떻게 되었는가를 알고 싶다.

「그다음에는 어떻게 되었어요?」를 되풀이하는 어린이의 질문과 비슷한데, 처음에 거대한 에너지가 있었다 해도 수긍이 가지 않는다. 「처음이라지만 더 이전에는 어땠는가」 하는 물음에 대답해 주지 않으면 물러설 수 없다. 유감스럽게도 해설서에는 그 이전 일은 언급이 없다. 우주의 종말을 주장하는 사람들은 입장이 난처해져서 하느님을 들고 나섰다. 사실 종교가 사이에는 신에 의해 우주가 창조되고, 이윽고 열적 종말을 맞이한다

고 주장한 사람도 있었다. 물론 이에 반대하는 물리학자, 아니
그보다는 사상가들이 속출했다. 그중에는 변증법적 유물론으로
유명한 엥겔스가 있다.

현재 러시아 학자들은 거의 엥겔스의 사상에 신들린 것 같
다. 이 사람들의 주장에 따르면 우주는 시작도 없고 끝도 존재
하지 않는다. 확실히 우리 눈이 닿는 범위에서는 엔트로피가
증대하는 것같이 생각된다. 그러나 언젠가는 반드시 우주의 어
디선가 엔트로피가 감소하는 사태가 일어날 것이 틀림없다. 예
를 들면 초신성의 폭발 등은 그 증거가 아닌가 한다.

이 주장대로라면 우주의 시작을 굳이 설명하지 않아도 된다.
우주는 영원히 팽창, 수축을 되풀이한다. 우주의 어딘가에 맥스
웰의 도깨비가 떼를 지어 살고 있다. 그들이야말로 이 세상을
열적 사멸로부터 지켜 주는 구세주이다.

과연 믿을 수 있을까? 아무도 모른다. 자연과학은 실험 사실
만을 바탕으로 한다. 우주라는 실험실은 하나밖에 없다. 실험대
위에 같은 것을 재현시킬 수 없다. 그리고 우리는 몇백억 년이
나 살면서 우주를 계속 관찰할 수도 없다.

딜레마

용기의 오른쪽 반에 기체를 넣는다. 가운데 칸막이를 없앤다.
기체는 금방 용기 속에 고르게 퍼진다. 이것은 열학적인 실험
사실이다. 그리고 통계역학은 조합수 의 많고 적음에서(바꿔 말
하면 확률적 입장에서) 이 현상을 설명한다.

그러면 용기 속에 고르게 퍼져 버린 기체 분자를 생각해 보
자. 이들은 완전히 제멋대로 운동한다. 여기서 전 분자, 또는

구성 단위가 원자라면 전 원자에 대해

　「뒤로 돌아!」

하고 호령을 했다고 하자. 즉 분자와 원자의 위치는 같고, 속도의 크기도 같고, 단지 속도의 방향만을 역전하라고 명령한 것이다.

　물론 이런 호령을 내릴 수는 없지만, 가령 어느 순간에 모든 입자의 속도 방향이 반대가 되어도 조금도 이상하지 않다. 기체 분자 밀도는 여전히 용기 속 어디서나 같고, 속도 분포는 맥스웰의 곡선이 된다. 요컨대 뒤로 돌아도 제멋대로인 정도는 감소하지 않는다. 엔트로피 최대 상태를 같은 엔트로피 최대 상태로 바꿔 놓은 것에 지나지 않는다. 열학적으로 보면 있을 수 있는 일이다.

　그런데 역학적으로 생각하면 어떻게 되는가? 입자는 서로 상호작용하여(알기 쉽게 말하면 충돌하여) 현재에 이른 것이다. 방향을 바꾸면 과거의 충돌을 되밟는다. 그 결과 어떻게 될까? 용기 속 기체는 저절로 오른쪽으로 몰린다. 마치 영화 필름을 거꾸로 돌리는 것과 같다.

　만일 우주의 전 입자에 「뒤로 돌아」 하고 호령하면 어떻게 되는가? 우리는 점점 젊어져 아기가 되고, 이윽고 어머니 배 속으로 되돌아간다. 현재는 자유당 시대가 되고 일제 강점기가 되고 대한제국이 된다.

　열적 평형이 되어 있지 않은 것까지 뒤로 돌리는 것은 생각에 무리가 있을지 모른다. 그러나 용기 속 기체의 예 같은 것은 역학적으로 가능한 것이 열학적으로는 불가능하게 된다.

　이에 대한 모순은 아직 해결되지 않았다. 통계역학이 안고 있는 큰 과제의 하나이다. 입자를 뒤로 돌린다는 것은 그대로 시간이라는 대자연을 지탱하는 무대의 미래와 과거의 방향을 뒤집는다는 것과 같다. 공간에 대해서는 좌도 우도 대칭이다. 왜 시간에 대해서만 그것을 뒤집으면 이상한가? 아무튼 시간이란 것을 더 본질적인 입장에서 다시 검토할 필요가 있겠다.

　역학과 열학의 이런 관계는 그대로 소립자론과 물성론의 입장으로 바꿔 놓을 수 있다. 하나하나의 입자의 성질과 그 상호작용을 연구하는 소립자론에서는 시간은 전후 대칭이란 형태로 기술된다. 과거가 미래로, 미래가 과거로 되어도 법칙에는 지장이 없다. 그런데 다립자(多粒子)의 체계를 취급하는 물성론에서는 그렇지 못하다. 과거로부터 미래로 일방적으로 현상이 이행된다.

　같은 물리학이면서 왜 어긋나는가, 앞으로 많은 연구가 기다려지는 문제이다.

종장

정보의 격증

자전거만 타고 다니던 사람이 오토바이를 타면 앞에 달린 속도 계기가 신기하게 느껴질 것이다. 자전거 같은 도구와 달리 정말 기계 같다는 느낌이 든다. 다시 자동차는 계기가 더 많아진다. 그리고 와이퍼, 초크, 헤드라이트 등 버튼의 수도 많아진다. 운전면허를 막 땄을 때는 이들 계기와 기계가 모두 운전자인 자기 지배하에 있다고 생각하면 즐겁기도 하다.

그런데 비행기가 되면 계기 수가 훨씬 많아진다. 린드버그 때의 비행기는 그렇지 않았겠지만 복엽기(複葉機)로부터 단엽기(單葉機)로, 다시 제트기로 발달함에 따라 조종석 앞에 있는 계기 수는 점점 늘어난다. 쭉 배치된 많은 둥근 계기를 보면 제트기 조종사는 대체 어느 것을 보는가, 한 번에 전부 보는가를 아마추어는 걱정한다.

결국 여기서 말하려는 것은 교통수단이 발달함에 따라 조종사가 판단해야 할 재료가 가속도적으로 늘어 간다는 것이다.

엔트로피란 정보량이다

본문에서 엔트로피에 대해 설명하였다. 엔트로피란 원래 열역학에 의해 정의된 양이다. 통계역학에 의해 생각할 수 있는 가능한 상태를 나타내는 수의 로그에 비례하는 것이 증명되었다. 상태수, 바꿔 말하면 사항의 다양성이란 물리학만의 개념이 아니다. 일상생활 어디서나 생각되는 양이다. 특히 오늘날같이 사회가 복잡해졌을 때에는 더욱 그렇다.

엔트로피는 증가한다. 이것은 물리법칙뿐만 아니라 사회 문제에 대해서도 말할 수 있다.

　이런 의미에서 엔트로피란 정보량이라 생각하면 된다. 자전거보다도 오토바이가, 오토바이보다도 자동차가, 다시 비행기 쪽이 조종사에 대한 엔트로피가 증가된다.

　인간은 살림이 어려울 때는 절약한다. 경제 상태가 풍부해짐에 따라 당연히 지출도 많아져 간다. 그런데 무슨 사정으로 경제 사정이 갑자기 악화될 경우 한번 팽창된 가계를 긴축시키기는 아주 어렵다. 이것도 엔트로피는 증대하려고 하는 경향이 있다는 일례라고 해도 된다. 퍼킨슨의 법칙에 의하면 공무원 수는 항상 늘기만 하고 감소하는 일은 없다고 한다. 돈은 들어온 만큼 나간다고 한다. 이것도 모두 엔트로피 증대를 입증하는 것이다.

　역사의 흐름을 보면 전제군주 시대, 봉건 시대, 제국주의, 민주주의라는 순서를 밟는 일이 많다. 제도적인, 또는 정신적인 평등화에 의해 엔트로피는 증가 일로를 밟는다.

　더 태고의 사회는 평등주의였는지 모른다. 그러나 미개발이었을 즈음의 촌락 제도는 모두 단순하고 주민 수도 적었다. 그런 의미에서 태고의 사회는 엔트로피가 대단히 작다.

월급쟁이는 반엔트로피를 제공한다

　「자유에너지」는 「전 에너지」와 「반엔트로피」 항의 합이다. 체계는 온도가 낮을 때에는 전 에너지 항이 아주 유효한데, 고온이 되면 반엔트로피 항 쪽이 중요시된다. 이것은 인간의 집단인 사회에 대해서도 그렇다고 말할 수 있을 것 같다.

　태고 때부터 2차 세계대전 무렵까지는 에너지가 문제였다. 어떻게 하여 자연계에서 인류에 쓸모 있는 에너지를 꺼내는가

하고 사람들은 지혜를 짜냈다. 풍차, 엔진, 전력 등에 의해 대략 그 목적은 달성되었다.

오늘날 인간은 어떤 성질의 일을 하는가? 옛날에는 지게를 지거나, 수레를 끌거나, 짐을 짊어지는 힘든 일을 하였다. 다른 사람에게 고용된 경우에는 고용주에게 에너지를 팔았다. 그런데 지금은 다르다. 회사원은 회사에 대해 반엔트로피를 제공한다.

에너지를 얻기 위해 사람을 고용한다면 회사는 큰 손해를 본다. 힘을 쓰는 일은 기계에게 맡기면 된다. 기업이 크면 클수록 회사는 막대한 엔트로피를 떠맡는다. 판매회사라면 손님을 접대하는 사원은 어떻게 상품을 진열하면 되는가, 고객에게 어떤 태도로 어떻게 설명해야 하는가 등등에 대한 판단을 제공하고 그 보상으로 월급을 받는다. 과장급이면 판매 가격을 얼마로 하는가, 사입은 어느 선에서 억제하는가 하는 지식이 필요하다. 결정해야 할 사항을 과장의 머리로 판단한다. 중역들은 회사 경영 전반에 대한 사항을 검토하여 간다. 누구나 직책에 따라 반엔트로피 증대에 노력한다.

어린이는 반엔트로피를 늘리는 능력이 부족하다. 장난감을 방에 늘어놓기도 하고, 벽을 더럽히기도 한다. 주부는 장난감을 치우고, 방을 치우고, 더러움을 닦아 낸다. 주부들은 자연의 경향에 거역하여 반엔트로피를 크게 한다. 세탁도 마찬가지이다. 물건을 사들여 생활필수품을 가정에 갖추는 것도 질서의 창조이며 반엔트로피의 증가이다. 정육점, 야채 가게, 생선 가게를 돌아 재료를 적당히 가공하여 식욕을 돋우는 물체(?)로 만드는 일, 즉 요리도 마찬가지로 질서(반엔트로피)의 생산이다.

옷감을 사서 디자인하고 재단하여 원피스를 만드는 과정도

꽃꽂이도 반엔트로피의 창조!

모두 반엔트로피의 창조이다. 「옷감은 간단한 직사각형이지만
원피스는 형태도 복잡하고 안감이 들어가거나 가슴에 장식을
붙이거나 어깨에 악센트를 붙이든가 하여 상당히 까다로운 구
조가 아닌가, 그러므로 만들어진 옷 쪽이 엔트로피가 크다」고

생각하는 것은 잘못이다. 아무리 액세서리가 많아도 완성된 옷은 올바른 질서를 가지고 있다. 옷은 가장 엔트로피가 작은 상태이다. 이에 반해 옷감만으로는 원피스가 될지 투피스가 될지, 혹시 코트가 될지, 비키니가 될지(설마 그럴 것 같지는 않지만) 전혀 짐작이 가지 않는다. 갖가지 가능성을 모두 예측해야 한다는 것은 엔트로피가 극히 크다는 것이다.

꽃을 꽂는다. 설사 그것이 오브제일지라도 반엔트로피의 창조이다. 미용실에서 머리를 세팅하는 것도 화장하는 것도 마찬가지이다.

반엔트로피의 생산은 결코 이들만의 특기가 아니다. 일일이 헤아리려면 한이 없지만, 회사원도 매일매일 직장에서 땀을 빼면서 반엔트로피를 만들어 내고 있다. 손쉬운 이야기로는 필자가 하고 있는 원고 쓰기도 그렇다. 원고용지에 글자를 무작위하게 배열한다면 편집자에게 미치광이 취급을 받을 뿐이다. 문법에 따라 논리적으로 많든 적든 얼마간의 내용을 가진 문장은 백지인 원고용지보다도, 원숭이가 친 문서 타이핑의 문자 나열보다도 엔트로피가 적다.

도박의 반엔트로피

반엔트로피의 증가는 이른바 일이라고 불리는 것 속에만 있는 것은 아니다. 마작이라는 놀이에서 처음에 나누어 주는 13(4)장의 패는 보통은 극히 엔트로피가 크다(마침 처음부터 엔트로피가 작을 때는 「천화」라든가 「지화」라고 해서 대단히 귀하게 여긴다). 게임 개시와 동시에 네 사람의 참가자들은 열심히 반엔트로피를 증가시키려고 힘쓴다. 14장의 패가 정해진

엔트로피의 극솟값(반드시 최솟값이 아니다)에 달했을 때 오른다. 이때의 극솟값이 작으면 작을수록 점수가 높다.

경마의 예를 들자. 레이스 전까지는 엔트로피가 크다. 그렇지만 우열을 가릴 수 없는 경기와 이길 말이 뻔한 경기는 후자의 엔트로피가 작다고 해야 한다.

이윽고 어느 말이 상태가 좋다거나, 어느 말이 상태가 나쁘다는 정보가 흘러들어 온다. 엔트로피가 조금 감소한 것이다.

그런데 말들이 일제히 출발하였다. 곧 1등과 꼴찌 사이는 상당히 벌어진다. 엔트로피는 서서히 감소한다. 낙마하는 기수가 생기기라도 하면 그 순간에 엔트로피는 단번에 감소한다. 종착점에 도달하면 엔트로피는 가장 작은 상태가 된다.

범람

도박에 넋을 빼는 일은 그만두고 좀 더 심각한 문제를 생각해 보기로 하자. 서장에서 우주의 열적 종말의 가능성을 생각하였다. 그러나 설사 우주 전체가 열적으로 평형이 되는 일이 있더라도 그것은 먼 미래의 일일 것이다.

그러나 여기서 더 다른 의미에서 「인류」의 종말이 바로 눈앞에 닥쳤다는 것을 필자는 말하고 싶다. 자연으로부터의 위협에 의하여 인류가 멸망할 것으로 생각되는 시기보다도 더욱 가까운 장래에 인류의 종말이 예상된다.

19세기에 들어와서 인간 사회의 문명은 비약적으로 발전 하였다. 공업을 중심으로 하는 기계화가 이루어졌고, 열역학적으로 말하여 에너지 문명이 되었다. 그러나 2차 대전을 경계로 하여 인간 사회는 엔트로피 문명으로 변했다. 기계로 말하면 예전에는 힘센 기중기라든가, 마력이 큰 견인차를 만드는 데 전력을 기울였다. 현재는 원자력, 플라스마 등 에너지 개발에 힘쓰고 있으나, 오히려 어떻게 하면 감도가 좋은 FM 방송을 들을 수 있는가, 어떻게 하면 화면이 아름다운 TV를 볼 수 있는가 따위가 더 중요시되어 가고 있다. 이들 기기가 소비하는 에너지는 하찮다. 얼마나 깨끗한가, 얼마나 섬세한가가 중요하다. 잡음, 그 밖의 불필요한 요소는 최대한으로 배제하고 필요 부분만을 꺼낸다. 자갈 더미에서 귀금속을 찾아내는 것 같은 작업이다.

전자레인지, 식기세척기, 그 밖의 전자공학에 관한 것 대부분은 반엔트로피 제조기이다. 그중에서 컴퓨터는 대표적인 것이다.

기계뿐만 아니다. 일상생활 속에 엔트로피가 얼마나 범람하고 있는지 예를 들어 생활에 관계있는 숫자만 생각해 보자.

기억해야 할 숫자에 대하여

월급쟁이라면 아침에 일어나서 출근하기까지의 시간은 특히 시계의 분초에까지 신경을 쓰게 된다. 자택이 변두리에 있어 버스의 운행 횟수가 적을 경우에는 정류소의 출발과 도착 시간을 알고 있어야 한다. 또 택시 합승이 언제쯤 많이 들어오는지도 알아 두고 시간이 급할 때 이용할 줄 알아야 한다. 그 결정 요인으로 직장까지의 시간 단축에 초점을 맞출 뿐만 아니라 그날의 피로라든가 윗사람의 기분까지 고려하여 만원 버스를 선택하든가, 아니면 다른 수단을 이용하든가, 즉각적으로 소요 시간을 계산하면서 머리를 회전시켜야 한다.

전화라는 문명의 이기가 발달한 까닭에 일이나 사적 교제 등에 관련된 많은 전화번호를 알아야 한다. 우편번호도 마찬가지이다. TV의 어느 채널에 무슨 요일의 몇 시에 재미있는 프로가 있는가는 어린이들이 더 잘 안다. 그 밖에 특히 월급쟁이가 알아 두어야 할 숫자는 무척 많다. 메이커라면 과거 1개월간의 생산량, 바이어라면 판매량, 증권회사라면 상장주의 최근 동향 등 숫자의 홍수다.

전화번호는 수첩에 적어 두면 될지 모른다. 더 복잡한 숫자라면 컴퓨터에 기억시키고 계산시키면 된다. 그러나 무엇을 컴퓨터에게 계산시킬 것인가, 나온 결과를 어떻게 활용할 것인가 하는 것은 사람이 생각해야 한다.

정보에 의한 압살

세상은 바야흐로 정보 시대이다. 정보, 정보라고 떠들어 대기 시작한 것은 최근 일이다. 이 정보는 이후 증가하기는 해도 줄지는 않을 것이다. 그뿐만 아니라 가속도적으로, 아니 더 급속히(가속도적보다 더 심하게 증가하는 것을 지수함수적이라 한다) 격증할 것이 틀림없다.

또한 새로운 낱말도 많이 늘어난다. 오토메이션, 컴퓨터, IC, OR, MIS 등은 새로운 낱말이라기보다 오히려 새로운 구조적 기계, 개념의 증가이다. 아무튼 지금까지 없었던 새로운 생각이 마구 들어오는 것이 사실이다.

정보화도 현재는 아직 초기 단계이다. 그러나 일부 사람들은 이 정보량의 범람 때문에 인류가 조만간 멸망한다고 생각하고 있다.

정보산업에 취직하지 않으면 된다고 할지 모른다. 그러나 여기서 말하는 정보란 단순한 산업기구만을 가리키는 것이 아니다. 우리 일상생활 모두에 걸쳐 판단해야 할 재료가 차례차례 증가하는 것을 말한다. 비유해서 말하면 자동차로는 소용없게 되어 비행기를 조종해야 할 처지에 쫓기는 것과 같다. 분명히 한 개의 버튼을 누르는 데는 미소한 에너지밖에 필요 없다. 그러나 눌러야 할 버튼의 수가 압도적으로 증가하고 있다. 회사든 관청이든 기구가 무작정 복잡화하고, 인간이 모이는 장소에서는 어디든지 회의나 토의가 늘어 개인은 좋든 싫든 이에 많은 시간을 빼앗기게 된다.

물론 일의 내용에 따라 정보량은 다르다. 현재의 단계로는 정보량의 위협에 노출되고 있는 것은 특수한 직장의 월급쟁이와 경영자만일지 모른다. 단순노동 분야나 농촌에서는 아직 엔트로피가 작다.

그러나 이것도 시간 문제이다. 농촌 인구는 줄고 있다. 또 농촌 자체도 갈고 씨 뿌리는 단순성만에 그칠 수 없게 되었다. 농촌이므로, 산간 벽지이므로 번잡성에서 도피할 수 있다고 생각하는 것은 현재의 상식에 지나지 않는다. 언젠가는 전국 방방곡곡까지 거대한 정보량이, 큰 엔트로피의 파도가 밀어닥칠 것이다.

도시를 멀리 떠난 임해 지대에 갑자기 광대한 콤비나트가 건설되어 공해 문제가 일어나거나 산기슭에 골프장이 만들어져 주민과의 사이에 말썽이 일어나기도 하는 등 갖가지 모습으로 정보량은 늘어만 간다. 댐 건설, 골짜기를 건너는 고속도로의 가설, 관광호텔의 증설 등 농촌을 향한 엔트로피의 침투라는 의미로는 변함이 없다.

인류 멸망의 예언

인간은 반엔트로피를 창조하는 생물임을 앞에서 얘기했다. 이런 의미에서는 인간이란 참으로 뛰어난 생존자이다. 어쩌면 신비한 일을 하는 맥스웰의 도깨비가 숨었는지 모르겠다. 그런데 꾀 많은 사람이 집단적으로 영위하면 엔트로피는 증대하기만 한다. 때에 따라서는 인간의 현명함이 엔트로피 증대에 오히려 박차를 가할지도 모른다. 맥스웰의 도깨비는 사회적 엔트로피의 증대는 아예 외면하고 있다.

인간 개인은 반엔트로피의 창조자였어도 이것이 집합하여 파별, 국가, 민족 등의 집단이 되어 얽히고설킬 때 반엔트로피의 창조 능력은 그 속에 묻혀 버린다. 인구 증가, 산업의 발달, 소비 욕구의 격증은 필연적이며, 이것을 후퇴시키는 일은 대기 중에 진공 부분이 생기는 것을 기다리는 것과 마찬가지로 바랄 수 없는 기대이다.

통계역학의 권위자인 어느 학자는

「인류의 수명은 앞으로 200년에서 300년 정도가 아닐까?」

라고 말하기도 한다. 2만 년을 잘못 말한 것이 아닌가 생각하는 독자도 있을 것이다. 그러나 2만 년도 2000년도 아니다. 200년이다.

요즈음 몇 년 동안 기간산업에서의 정보량 격증은 겨우 10년 전에는 생각지도 못했다. 미래의 10년은 이보다 훨씬 아득하고 격심하게 사회적 엔트로피가 증대할 것이다. 산업 부문만이 아니라 인간의 일상생활에도 농촌, 어촌에도 큰 개혁이 닥칠 것이다.

아직도 인류의 파멸을 생각하는 사람은 적지만 엔트로피 과다에 의한 인간 생활의 붕괴는 조금씩 머리를 들고 있다. 공해 문제는 앞에서 얘기했고 교통사고도 좋은 예이다.

미래의 세계

지구상의 인구는 1987년 현재 약 35억, 육지의 면적이 1.5억 km^2이다. 따라서 1인당 평균 소유 면적은 4.3만 m^2($1m^2$의 4만 3,000배)이다. 그런데 인구 증가율은 연간 약 2.5%이다. 이런 비율로 인구가 증가한다면 한 사람의 평균 점유 면적이 겨우 $1m^2$가 되는 것은 몇억 년 뒤인가?

간단한 복리 계산 문제이다. 그리하여 히말라야 산중에도 시베리아의 툰드라 지대에도, 사하라 사막에도 $1m^2$에 한 사람씩 살게 되는 것은 고작 430년 후이다. 물론 그런 상태에서는 인간이 생존할 수 없다. 그러면 얼른 산아 제한을 장려하면 되지 않는가?

문명국에서는(개인의 반엔트로피에 의지하여) 실시할 수 있을지 모른다. 그러나 한국이나 유럽, 미국이 인구 증가를 억제하고 있는 동안에 아프리카나 아시아 대륙에서 인간이 격증하지 않는다는 보증이 없다. 물리학 문제로 바꾸면 일정 부피 속에 있는 입자 수가 많을수록 엔트로피는 크다.

교통사고라든가 인구 증가(물론 이 두 가지는 상반되는 사항이며, 오히려 상쇄된다는 의견도 있겠지만) 같은 양적인 요인만으로 인류가 멸망한다는 것은 아니다. 인간은 생리적으로, 또는 정신적으로 파탄한다. 개인의 어깨에는 더할 나위 없이 정보량이 무겁게 실린다. 그러나 인간의 뇌세포 수는 일정하다. 일정

「옛날에는 엔트로피가 적었지…」

량 이상의 정보는 처리할 수 없다. 그런데도 억지로 정보를 쑤셔 넣으면 사고적 기능은 마비되고 나아가서는 파괴된다.

서기 2000년……, 문명국에서는 과반수의 인간이 노이로제에 걸린다. 직장에서는 자동화가 추진되고 일의 성질은 얼핏 보아 기능적이게 된 것 같지만 직장이나 주거지에서의 대인관계나 가족 간의 감정 문제 등 엔트로피 증가를 저지할 수 없는 분야가 많고, 이들이 인간의 신경을 좀먹는 요인이 될 것이다. 정신병원은 많은 환자를 수용하였지만 그래도 아직은 운영이 순조롭다. 자살자의 수효는 암으로 인한 사망자를 상회하게 된다.

서기 2050년……, 1970년대의 말로 하면 제정신을 가진 사람은 아주 적어진다. 이쯤에는 제정신이라는 말의 뜻도 상당히 달라질 것이다. 거리를 걷다가 갑자기 고함을 지르는 사람, 갑자기 발가벗는 젊은이……. 그러나 아무도 거들떠보지 않는다. 어떤 인종을 정상이 아니라 하여 정신병원에 격리시킬지, 현재로서는 한 치의 예측도 할 수 없다.

일찍이 사회 구조의 모순이 계기가 된 이데올로기의 대립은 엔트로피의 증가와 더불어 양자택일에서 혼합, 다양식으로 전이 되어 혼돈해져 관리자와 피관리자, 또는 어떤 의미에서는 우성인자와 열성인자 등의 감정적인 대립에 의하여 미약하나마 지탱되었으나, 이 무렵이 되면 그것도 소멸하여 간다. 이데올로기의 종말을 맞이한다. 더욱 자살자는 격증하고, 존속살해 등의 흉악 범죄도 일상다반사가 된다. 노인들 가운데는 스스로 일구고 먹던 농촌 생활 시대를 그리워하는 사람도 있으나 그런 얘기는 젊은이들에게는 아랑곳없다.

2100년……, 인간은 그 성장 과정에서 이상해질 뿐만 아니라 태어날 때부터 기형아도 늘어난다. 현재의 상식에서 보면 백귀야행하는 감이 없지 않다. 그러나 아직 사회생활은 무사히 운용되어 간다. 과거 100년간에 모든 지식을 총동원하여 제작한 자동화기계가 그 기능을 십분 발휘하고 있기 때문에, 설사 인간이 상당히 비정상이 되었다 하더라도 기계가 인간의 실수를 엄폐하여 준다. 인간의 최대의 오락은 마약의 상용이다.

2150년……, 살아남은 노인이 말하기를, 「옛날에는 엔트로피가 적었지……」한다.

2200년…… ?

현재 각국에서 원자수소폭탄 반대운동이 크게 전개되고 있다. 그런 것이 쾅 하고 터지면 큰일이다. 에너지의 사용을 잘못하면 인류가 멸망해 버릴 것은 누구나 다 아는 사실이다. 원자수소폭탄 금지의 기치 밑에는 여러 가지 직종을 가진 사람이 모인다.

그러나 인류가 너무 바빠져서 멸망하게 된다고 주장하면 과연 사람들이 믿어 줄까? 잠꼬대 같은 소리라고 핀잔을 듣는 것이 고작일 것이다. 아무튼 진지하게 들어 줄 사람이 없을 듯하다. 그러나 통계역학을 전공하는 사람들 가운데 많은 학자가 그렇게 생각한다.

가령 조만간 정보 과다로 인류가 멸망할 가능성이 있다고 하면 다음 문제는 당연히 어떻게 하면 멸망을 면하게 되는가 하는 것이다. 그러나 계속 증대하는 정보량을 억제하고 더욱이 역전시켜 감소시키는 것이 과연 가능할까?

놀라운 엔트로피

엔트로피는 계속 증가하는 것이다. 전력을 다하여 그 번식의 방지에 노력해도 결국은 당랑지부(螳螂之斧)에 지나지 못한다. 곳에 따라서 일시적인 방위에 성공할지 모른다. 그러나 대국적으로 보면 하찮다.

인간이 모여 생활해 가기 위한 기구를 어떤 제도로 하든 약간의 차이는 있다. 그러나 어떤 제도든 조만간에 엔트로피는 증대해 간다.

물에 떨어진 붉은 잉크는 이윽고 물에 고르게 퍼진다. 퍼져 가는 것이 선인지 악인지 물어도 대답할 길이 없다. 과학자는 오로지 자연의 궁극을 쫓고 싶다고 말한다. 젊은이는 그런 태도를 보고 문제 제기도 못 하는 무능력자라고 못마땅해한다. 어느 쪽 태도가 옳은가 하는 질문은, 붉은 잉크의 확산에 대한 선악을 따지는 것과 같은 것이 아닐까? 단지 거기에는 엔트로피가 격심한 세력으로 밀어닥쳤다는 것을 절실하게 동감할 뿐이다.

사회에서 생활하는 사람이라면 현실 문제에 진지하게 관심을 가지는 것이 당연하며, 더 건설적인 자세로 인류의 번영을 생각해야 한다는 비판이 아마 압도적일 것이다. 이것은 과학자와 젊은이를 둘러싼 주위의 환경이 벌써 크나큰 엔트로피로 격심하게 뒤흔들렸다는 것을 말한다. 그 속에서 자기 혼자만이 저 엔트로피 상태에 안주할 수는 없다.

어떤 형태든 사회 활동의 복잡화는(선과 악에 관계없이) 그대로 엔트로피의 증가로 연결된다. 오늘날에는 교육하기 이전에 먼저 교육 이념을 생각해야 한다. 연구 자체보다도 연구라는 것이 현시점에서 어떤 의의가 있는가에 대해 토론을 벌일 필요가 있다. 대학에서도 먼저 기계의 설치, 도서 구입 등의 예산 획득 회의의 반복이다. 그리하여 가까스로 도서가 반입될 무렵이면 회의에 지친 머리는 그 책을 읽는다는 본래의 목적을 몽땅 잃어버리고 만다.

계속 증가하는 엔트로피 때문에 사회 활동을 원활하게 하기 위한 수단이었던 회의 자체가 본연의 모습이라고 생각하게 된다. 그리고 모든 사람과 이질적인 생각을 갖는 것은 이제는 악이 되는 것이다.

그룹 단위의 행동에 의해 대중이라는 추상물은 더욱더 강하게 되는 것같이 생각되지만 이와 반비례하여 개인, 한 사람의 존재는 더욱더 취약한 존재가 되어 버린다. 개인의 가냘픈 팔뚝이 한없이 팽창하는 엔트로피를 지탱하지 못하게 되었을 때 사회생활에 충실하기를 원하는 사람은 노이로제가 되고, 비충실하려 하는 사람은 히피, 누드 클럽, 그 밖의 기묘한 생활 방식으로 도피한다.

지구에는 박테리아나 그 밖의 것이 번식하는 것이 본연의 모습이며, 인간이란 돌연변이에 의해 생겨난 우주의 기형이라고 하는 설도 있다. 위대한 반엔트로피의 창조자는, 한편에서는 쥐나 곤충이나 박테리아처럼 오래 생존할 능력이 없는 취약한 동물인가? 두뇌가 발달하였다는 것이 오히려 약점이며, 정보량을 증대시킨다는 자멸 행위 외에 재주가 없는가?

자연과 인공적인 커다란 에너지에 파괴되는 것이 아니고 인간 집단 내부로부터 발생한 거대한 엔트로피에 압살되어 인류는 멸망할 수밖에 없다……. 만일 가령 이 예언을 깨뜨릴 수단

이 있다면 다름 아닌 인류 스스로가 맥스웰의 도깨비가 되어,
스스로 구세주 역할을 다하는 길밖에 없으리라.

맥스웰의 도깨비

확률에서 물리학으로

초판 1쇄 1987년 10월 30일
개정 1쇄 2018년 11월 12일

지은이 쓰즈키 다쿠지
옮긴이 김명수
펴낸이 손영일
펴낸곳 전파과학사
주소 서울시 서대문구 증가로 18, 204호
등록 1956. 7. 23. 등록 제10-89호
전화 (02)333-8877(8855)
FAX (02)334-8092
홈페이지 www.s-wave.co.kr
E-mail chonpa2@hanmail.net
공식블로그 http://blog.naver.com/siencia

ISBN 978-89-7044-843-5 (03420)
파본은 구입처에서 교환해 드립니다.
정가는 커버에 표시되어 있습니다.